FwDV 1
Feuerwehr-Dienstvorschrift 1
Stand September 2006

Grundtätigkeiten
– Lösch- und
Hilfeleistungseinsatz –

Verlag W. Kohlhammer
Deutscher Gemeindeverlag

Diese Dienstvorschrift wurde vom Ausschuss Feuerwehrangelegenheiten, Katastrophenschutz und zivile Verteidigung (AFKzV) auf der 19. Sitzung am 7. September 2006 in Bremen genehmigt und den Ländern zur Einführung empfohlen.

Die Ausgabe entspricht dem Stand September 2006 mit redaktionellen Änderungen bis März 2007.

Druck mit freundlicher Genehmigung des Ausschusses Feuerwehrangelegenheiten, Katastrophenschutz und zivile Verteidigung (AFKzV).

1. Auflage 2007

Alle Rechte vorbehalten
© Deutscher Gemeindeverlag GmbH, Stuttgart
Gesamtherstellung:
W. Kohlhammer GmbH, Heßbrühlstr. 69, 70565 Stuttgart
produktsicherheit@kohlhammer.de

Print:
ISBN 978-3-555-01392-3

Inhaltsverzeichnis

1	Einleitung	7
2	**Persönliche Schutzausrüstung**	8
2.1	Mindestschutzausrüstung	8
2.1.1	Ergänzungen für den Löscheinsatz	9
2.1.2	Ergänzungen für den Hilfeleistungseinsatz	10
2.2	Warnkleidung	11
2.3	Gesichtsschutz	12
2.4	Schutzbrille	12
2.5	Schnittschutzkleidung	13
2.6	Hitzeschutzkleidung	14
3	**Einsatzausrüstung**	15
3.1	Einheitsführer	15
3.2	Melder	16
3.3	Truppführer und Truppmann	17
3.3.1	Einsatzausrüstung im Löscheinsatz	17
3.3.2	Einsatzausrüstung im Hilfeleistungseinsatz	19
4	**Auslegen von Druckschläuchen**	22
4.1	Auslegen mit Schlauchtragekorb oder tragbarer Schlauchhaspel	22
4.2	Auslegen eines Rollschlauches	24
4.3	Auslegen der Schnellangriffsleitung	25
4.4	Vornahme einer C-Druckschlauchleitung über Leitern	25
4.5	Auslegen mit fahrbarer Schlauchhaspel	27
4.6	Kuppeln von Druckschläuchen	28
4.7	Vornahme von Druckschläuchen	30
4.8	Einsatz von Schlauchbrücken	32
4.9	Zurücknehmen von Druckschläuchen	34

5	**Handhabung und Bedienung von wasserführenden Armaturen**	35
5.1	Verteiler	35
5.2	Strahlrohre	36
5.3	Schaumstrahlrohre und tragbare Zumischer	39
6	**Wasserentnahme**	41
6.1	Auslegen der Saugleitung	41
6.2	Wasserentnahme aus offenen Gewässern	46
6.3	Wasserentnahme aus Saugschacht	47
6.4	Wasserentnahme aus Löschwasser-Sauganschluss	49
6.5	Wasserentnahme aus Hydranten	50
6.5.1	Unterflurhydrant	50
6.5.2	Überflurhydrant	52
7	**Einsatz von Kleinlöschgeräten**	54
7.1	Kübelspritze A	54
7.2	Feuerlöscher	55
8	**Handhabung einfacher Hilfeleistungsgeräte**	56
8.1	Brechstange	56
8.2	Nageleisen	57
8.3	Feuerwehr-Werkzeugkasten	58
8.4	Feuerwehr-Elektrowerkzeugkasten	59
8.5	Einreißhaken	60
8.6	Schachtabdeckungen	61
8.7	Bindemittel	62
9	**Verlegen von elektrischen Leitungen**	63
10	**Beleuchtungsgeräte**	68
10.1	Handscheinwerfer	68
10.2	Kopfleuchte	68
10.3	Flutlichtstrahler	69

Inhaltsverzeichnis

11	**Tauchmotorpumpe**	71
12	**Ziehen, Heben, Spreizen und Bewegen von Lasten**	73
12.1	Hebebaum	73
12.2	Zug- und Anschlagmittel	74
12.3	Mehrzweckzug	76
12.4	Maschinelle Zugeinrichtung	79
12.5	Spreizer	81
12.6	Rettungszylinder	83
12.7	Hebekissensysteme	85
12.8	Hydraulische Winde	88
12.9	Hydraulischer Hebesatz	90
13	**Trennen**	94
13.1	Kappmesser und Gurtmesser	94
13.2	Holzaxt	94
13.3	Bolzenschneider	95
13.4	Motorkettensäge	96
13.5	Trennschleifmaschine	98
13.6	Schneidgerät	100
13.7	Brennschneidgerät	103
13.8	Plasmaschneidgerät	105
14	**Abstützen**	107
14.1	Abstützen von Lasten bei Hebevorgängen	107
14.2	Senkrechte und waagerechte Abstützungen	108
15	**Transportieren von Verletzten**	110
15.1	Krankentrage	110
15.2	Rettungstuch	111
15.3	Schleifkorbtrage	111
15.4	Schaufeltrage	112
16	**Leinen und Seile**	113
16.1	Handhabung von Leinen und Seilen	113

16.2	Knoten, Stiche und Brustbund	114
16.3	Befestigung und Hochziehen von Geräten	125
16.4	Einlegen der Feuerwehrleine in den Feuerwehrleinenbeutel	126
16.5	Einlegen des Kernmantel-Dynamikseils in ein Transportbehältnis	127
17	**Sichern in absturzgefährdeten Bereichen**	**128**
17.1	Halten	128
17.1.1	Halten mit Feuerwehrleine	129
17.1.2	Selbstsicherung mit Feuerwehr-Haltegurt	131
17.2	Auffangen	132
17.2.1	Seilsicherung mit Geräten zum Auffangen	132
17.2.2	Sichern im absturzgefährdeten Bereich	136
17.3	Hinweise zur Sicherheit	139
18	**Retten und Selbstretten**	**140**
18.1	Retten	140
18.1.1	Retten mit Gerätesatz Absturzsicherung	140
18.1.2	Retten mit Feuerwehrleine	140
18.1.3	Retten über Leitern	140
18.1.4	Retten mit Krankentrage	141
18.1.5	Retten mit Sprungtuch	145
18.1.6	Retten mit Sprungpolster	147
18.1.7	Hinweise zur Sicherheit	148
18.2	Selbstretten	149
18.2.1	Selbstretten mit Feuerwehr-Haltegurt mit Multifunktionsöse	149
18.2.2	Selbstretten mit Feuerwehr-Haltegurt ohne Multifunktionsöse	152
18.2.3	Hinweise zur Sicherheit	152
19	**Sichern von Einsatzstellen gegen fließenden Verkehr**	**154**
20	**Sichtzeichen**	**159**

1 Einleitung

Die bundeseinheitlichen Feuerwehr-Dienstvorschriften (FwDV) wurden zur Anwendung bei allen Feuerwehren des Bundesgebietes eingeführt. Zweck der Feuerwehr-Dienstvorschriften ist es, die erforderliche Einheitlichkeit im Feuerwehrdienst in allen Bundesländern herbeizuführen und für die Zukunft sicherzustellen. Sie gelten nicht nur für die Ausbildung, sondern gleichermaßen für den Einsatz.

Die Dienstvorschriften beschränken sich bewusst nur auf solche Festlegungen, die für einen geordneten Einsatz der taktischen Einheiten und des Einzelnen unbedingt erforderlich sind. Weitergehende Festlegungen werden daher nicht getroffen.

In der vorliegenden Feuerwehr-Dienstvorschrift 1 (FwDV 1) werden die Grundtätigkeiten im Lösch- und Hilfeleistungseinsatz dargelegt. Sie soll für diese Bereiche Grundlagen vermitteln, die zur einheitlichen Ausbildung notwendig sind. Bei den Geräten wird dabei von der Ausrüstung des Löschgruppenfahrzeuges, gegebenenfalls mit Zusatzbeladung, ausgegangen. Einige Gerätetypen und Einrichtungen gehören zur Beladung und Ausrüstung eines Rüstwagens. Nicht aufgenommen sind Geräte, deren Gebrauch sich von selbst erklärt.

Sicheres und schnelles Arbeiten ist erreichbar, wenn die Feuerwehrangehörigen zweckmäßige Handgriffe und Bewegungsabläufe beherrschen. Bei der Ausbildung und im Einsatz sind die Grundsätze der Unfallverhütungsvorschriften zu beachten.

Die bildlichen Darstellungen sagen aus, wie bestimmte Geräte getragen und gehandhabt werden sollen.

Die nachstehenden Angaben und Darstellungen „links" und „rechts" beziehen sich auf die Fahrt- oder Fließrichtung.

Fahrzeugeinrichtungen und bestimmte Bestandteile der feuerwehrtechnischen Beladung dürfen grundsätzlich nur von entsprechend unterwiesenen Feuerwehrangehörigen angewendet werden.

Die hergebrachten Funktionsbezeichnungen gelten sowohl für weibliche als auch für männliche Feuerwehrangehörige.

2 Persönliche Schutzausrüstung

Die persönlichen Schutzausrüstungen werden durch Unfallverhütungsvorschriften und Regeln der Unfallversicherungsträger sowie durch landesrechtliche Regelungen der Bundesländer vorgegeben. Die hier dargestellten und beschriebenen persönlichen Schutzausrüstungen sind beispielhaft und nicht vollständig.

2.1 Mindestschutzausrüstung

1. Feuerwehrschutzanzug
2. Feuerwehrhelm mit Nackenschutz
3. Feuerwehrschutzhandschuhe
4. Feuerwehrschutzschuhwerk

Kombinationsbeispiele für den Feuerwehrschutzanzug:

Feuerwehreinsatzhose und Feuerwehreinsatzjacke

2 Persönliche Schutzausrüstung

Feuerwehreinsatzhose und
Feuerwehrüberjacke

Feuerwehrüberhose und
Feuerwehrüberjacke

Hinweis: Die dargestellten persönlichen Schutzausrüstungen können auf Grund von Ländervorschriften abweichen.

2.1.1 Ergänzungen für den Löscheinsatz

Entsprechend den Erfordernissen, z. B.

1. Feuerwehr-Haltegurt mit Feuerwehrbeil
2. Gesichtsschutz

3. Feuerwehrleine mit Feuerwehrleinenbeutel
4. Atemschutzgerät
5. Warnkleidung
6. Hitzeschutzkleidung

Abweichungen in der persönlichen Schutzausrüstung sind entsprechend „UVV Feuerwehren" auf Befehl des Einheitsführers möglich.

2.1.2 Ergänzungen für den Hilfeleistungseinsatz

Entsprechend den Erfordernissen, z. B.

1. Feuerwehr-Haltegurt mit Feuerwehrbeil
2. Gesichtsschutz
3. Feuerwehrleine mit Feuerwehrleinenbeutel
4. Atemschutzgerät
5. Warnkleidung
6. Schutzbrille
7. Gehörschutz
8. Schnittschutzkleidung

2 Persönliche Schutzausrüstung

Abweichungen in der persönlichen Schutzausrüstung sind entsprechend „UVV Feuerwehren" auf Befehl des Einheitsführers möglich.

2.2 Warnkleidung

Alle Feuerwehrangehörigen, die der Gefahr durch fließenden Verkehr ausgesetzt sind, tragen Warnkleidung (z. B. Warnweste oder Feuerwehrüberjacke, die neben anderen Funktionen auch die der Warnkleidung erfüllt).

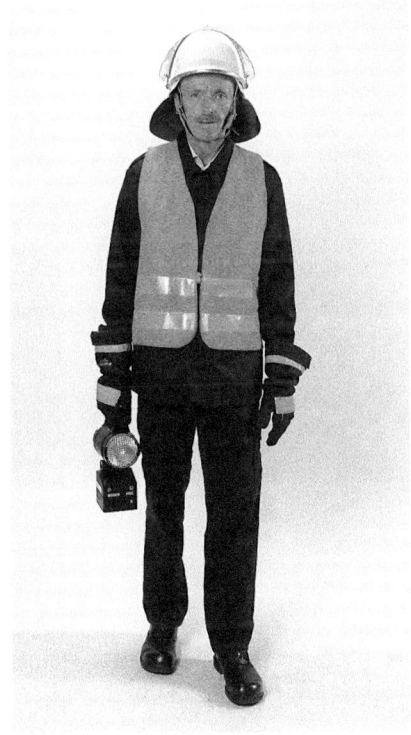

2.3 Gesichtsschutz

Der Gesichtsschutz zum Feuerwehrhelm (Klappvisier) ist zu verwenden bei Gefahren für Gesicht und Augen, beispielsweise durch Splitter, wegschnellende Teile, Funken oder Spritzer gefährlicher Stoffe.

2.4 Schutzbrille

Die Schutzbrille ist zu verwenden, wenn besondere Gefahren für die Augen zu erwarten sind, zum Beispiel durch Metallfunken beim Einsatz der Trennschleifmaschine. Sie kann kombiniert mit dem Gesichtsschutz (Klappvisier) verwendet werden.

2 Persönliche Schutzausrüstung

Beim Einsatz des Brennschneidgerätes bzw. Plasmaschneidgerätes sind speziell hierfür vorgesehene, zum Zubehör des Gerätes gehörende Schutzbrillen zu tragen. Diese schützen die Augen vor Fremdkörpern und vor UV-Strahlung. Der Gesichtsschutz (Klappvisier) sollte hierbei nicht verwendet werden, um das Ansammeln von Atemgiften unter dem Klappvisier beim Brennschneiden zu vermeiden.

2.5 Schnittschutzkleidung

Die Schnittschutzkleidung (Beinlinge oder Schnittschutzhose mit rundumlaufendem Schnittschutz) ist beim Einsatz der Motorkettensäge zu tragen.

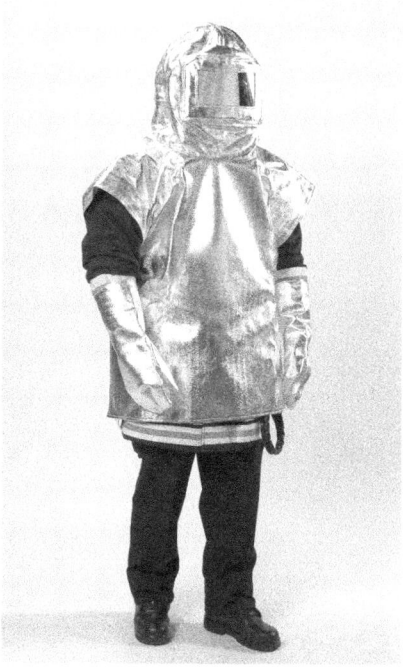

2.6 Hitzeschutzkleidung

Die Hitzeschutzkleidung schützt die vorgehenden Einsatzkräfte bei der Brandbekämpfung gegen Strahlungswärme.

3 Einsatzausrüstung

Ergänzungen und Abweichungen von der Einsatzausrüstung sind je nach Lage zulässig.

3.1 Einheitsführer

Handsprechfunkgerät, ggf. Funktionskennzeichnung, Beleuchtungsgerät

3.2 Melder

Ggf. Beleuchtungsgerät, Handsprechfunkgerät
  Hinweis: In einigen Ländern hat auch der Melder beim Löscheinsatz einen Feuerwehr-Haltegurt.

3 Einsatzausrüstung

3.3 Truppführer und Truppmann

3.3.1 Einsatzausrüstung im Löscheinsatz

Trupp als Angriffstrupp für den Atemschutzeinsatz und Sicherheitstrupp nach FwDV 7

Je nach Lage kann der Einheitsführer Abweichungen von der vorgegebenen Ausrüstung befehlen. Dies bezieht sich auch auf zusätzlich mitzuführende Ausrüstungen wie Isoliergeräte, Brand-Fluchthauben, Feuerwehraxt u. a.

Beispiele:
Ausrüstung auf Befehl: „Zum Einsatz fertig!"
Truppführer: Beleuchtungsgerät,
Verteiler,
ggf. Handsprechfunkgerät
Truppmann: C-Strahlrohr,
C-Druckschläuche,
Schlauchhalter

Ausrüstung auf Befehl: „... 1. Rohr ... vor!"
Truppführer: Beleuchtungsgerät,
Verteiler,
ggf. Handsprechfunkgerät
Truppmann: C-Strahlrohr,
C-Druckschläuche
Schlauchhalter

Ausrüstung auf Befehl: „ ... B-Rohr ... vor!"
Truppführer: Beleuchtungsgerät,
Verteiler,
ggf. Handsprechfunkgerät
Truppmann: B-Strahlrohr, Stützkrümmer,
B-Druckschläuche,
Schlauchhalter

Ausrüstung auf Befehl: „ ... Schaumrohr ... vor!"
Truppführer: Beleuchtungsgerät,
Verteiler,
2 Schaummittelbehälter (bei Fehlen des Schlauchtrupps),
ggf. Handsprechfunkgerät
Truppmann: Schaumstrahlrohr, Schlauchhalter,
B-Druckschläuche,
Zumischer und D-Ansaugschlauch (bei Fehlen des Schlauchtrupps)

Ausrüstung auf Befehl: „ ... Schnellangriff ... vor!"
Truppführer: Beleuchtungsgerät,
ggf. Handsprechfunkgerät
Truppmann: Schnellangriffsrohr, Schlauchhalter

Der Sicherheitstrupp nach FwDV 7 rüstet sich mindestens wie der Angriffstrupp aus.

3 Einsatzausrüstung

3.3.2 Einsatzausrüstung im Hilfeleistungseinsatz

Trupp als Angriffstrupp

Der Trupp sollte bei der Menschenrettung medizinische Handschuhe zum einmaligen Gebrauch unter den Feuerwehrschutzhandschuhen tragen.

Beispiele:
Ausrüstung auf Befehl: „... zum Einsatz fertig!"
Truppführer: Beleuchtungsgerät,
 ggf. Handsprechfunkgerät
Truppmann: Feuerwehr-Verbandkasten oder Sanitätsausrüstung
 Brechstange

**Ausrüstung auf Befehl: „... zur Menschenrettung ...
mit Brechwerkzeug ... vor!"**
Truppführer: Beleuchtungsgerät
 ggf. Handsprechfunkgerät
Truppmann: Feuerwehr-Verbandkasten oder Sanitätsausrüstung
 Brechwerkzeug

**Ausrüstung auf Befehl: „... zur Menschenrettung ...
mit Spreizer ... vor!"**
Truppführer: Beleuchtungsgerät
 ggf. Handsprechfunkgerät
Truppmann: Feuerwehr-Verbandkasten oder Sanitätsausrüstung
 Brechstange
Anmerkung: Der Spreizer wird vom Schlauchtrupp vorbereitet und dem Angriffstrupp übergeben.

**Ausrüstung auf Befehl: „... zur Menschenrettung ...
mit Schneidgerät ... vor!"**
Truppführer: Beleuchtungsgerät
 ggf. Handsprechfunkgerät
Truppmann: Feuerwehr-Verbandkasten oder Sanitätsausrüstung
 Brechstange
Anmerkung: Das hydraulische Schneidgerät wird vom Schlauchtrupp vorbereitet und dem Angriffstrupp übergeben.

3 Einsatzausrüstung

Trupp mit sichernden Aufgaben

Diese Aufgaben werden im Allgemeinen vom Wassertrupp wahrgenommen.

Beispiele:
Ausrüstung auf Befehl: „... zum Sichern gegen den fließenden Straßenverkehr ... vor!"
Truppführer: Beleuchtungsgerät,
ggf. Handsprechfunkgerät
Warndreieck und Warnleuchte
Auf Befehl des Einheitsführers:
Warnflagge oder Stabwinker (Winkerkelle)
Truppmann: Warndreieck und Warnleuchte
Auf Befehl des Einheitsführers:
Warnflagge
Verkehrsleitkegel
Verkehrswarngerät (Blitzleuchten)

Ausrüstung auf Befehl: „... zum Sichern gegen Brandgefahren ... mit Pulverlöscher und Schnellangriff ... vor!"
Truppführer: Beleuchtungsgerät,
ggf. Handsprechfunkgerät
Pulverlöscher
Truppmann: Schnellangriffsrohr
Anmerkung: Bei der Vornahme des Schnellangriffs wird der Sicherungstrupp vom Maschinisten unterstützt.

Ausrüstung auf Befehl: „... zum Ausleuchten ... vor!"
Truppführer: Beleuchtungsgerät,
ggf. Handsprechfunkgerät
Flutlichtstrahler
Truppmann: Stativ mit Sturmverspannung
Aufnahmebrücke für Flutlichtstrahler
Abzweigstück
Leitungsroller

4 Auslegen von Druckschläuchen

4.1 Auslegen mit Schlauchtragekorb oder tragbarer Schlauchhaspel

Legt ein Trupp seine Leitung selbst, so wird diese vom Verteiler in Richtung Einsatzstelle ausgelegt, anderenfalls von der Einsatzstelle zum Verteiler.

Bei der tragbaren Schlauchhaspel muss die Schlauchleitung von unten abrollen.

Der Truppführer ist für das Herstellen einer ausreichenden Schlauchreserve verantwortlich. Er unterstützt den Truppmann bei der Vornahme des Rohres.

4 Auslegen von Druckschläuchen

Hinweise für benötigte Schlauchanzahl:
- eine C-Länge zur Überwindung eines Geschosses
- mindestens eine C-Länge je abzusuchender Nutzungseinheit, beachte Gebäudeabmessungen.

4.2 Auslegen eines Rollschlauches

Das Auslegen des doppelt gerollten Schlauches kann durch Auswerfen oder durch Abrollen aus der Armbeuge erfolgen.

Bei beiden Arten führt eine Hand die Schlauchrolle, die andere Hand erfasst die beiden Schlauchenden unmittelbar hinter den Kupplungen.

4 Auslegen von Druckschläuchen

4.3 Auslegen der Schnellangriffsleitung

Der Truppmann nimmt das Strahlrohr aus der Halterung und geht mit dem Truppführer vor. Ein weiterer Trupp unterstützt bei Erfordernis beim Abziehen und Auslegen der Druckleitung. Auf das Kommando „Wasser marsch!" öffnet der Maschinist das Absperrorgan an der Pumpe und gibt Wasser.

Bei Schnellangriffsleitungen mit C-Druckschläuchen ist darauf zu achten, dass diese vollständig ausgelegt werden!

4.4 Vornahme einer C-Druckschlauchleitung über Leitern

Die Vornahme von leeren C-Druckschlauchleitungen über tragbare Leitern darf nur bis auf Höhe des 1. Obergeschosses erfolgen. Darüber hinaus muss der Schlauch mittels Feuerwehrleine hochgezogen bzw. hochgeführt werden.

4 Auslegen von Druckschläuchen

Die C-Druckschlauchleitung darf nicht am Körper befestigt werden.
 Schlauchleitungen dürfen nicht auf tragbaren Leitern verlegt oder an ihnen befestigt werden.

4 Auslegen von Druckschläuchen

4.5 Auslegen mit fahrbarer Schlauchhaspel

Auslegen einer B-Leitung mit fahrbarer Schlauchhaspel

Beim Absetzen der Schlauchhaspel arbeiten Wassertrupp und Maschinist zusammen. Das Absetzen der Ein-Mann-Haspel(n) erfolgt durch den Maschinisten.

Die Schlauchhaspel wird an den Handgriffen gezogen. Der Schlauch muss von unten abrollen.

4.6 Kuppeln von Druckschläuchen

B-Schläuche werden grundsätzlich von zwei Feuerwehrangehörigen gekuppelt.

C-Schläuche können von einem Feuerwehrangehörigen gekuppelt werden.

Das Kuppeln der Schläuche erfolgt in der Regel von Hand und kann ggf. mit Kupplungsschlüsseln unterstützt werden.

Das Zusammenkuppeln erfolgt im Uhrzeigersinn, das Auseinanderkuppeln entgegen dem Uhrzeigersinn. Beim Auseinanderkuppeln mittels Kupplungsschlüssel werden die Schlüssel über Kreuz gehalten.

4 Auslegen von Druckschläuchen

4.7 Vornahme von Druckschläuchen

Bei Vornahme von Druckschläuchen an Außenfronten oder in Treppenräumen sind diese an geeigneten Festpunkten durch Seilschlauchhalter oder Feuerwehrleine zu sichern.
 In Treppenräumen muss andernfalls die Leitung auf der Treppe verlegt werden.
 Auf ausreichende Schlauchreserve ist zu achten.
 Beim Auslegen von Druckschläuchen über Hindernisse (Zäune o. ä.) können Steckleiterteile als Schlauchstütze verwendet werden.
 Die Standsicherheit der Leiter und die Verbindung der Leiterteile untereinander sind zu beachten. Die Verbindung erfolgt in der Regel mit Mehrzweckleinen.

4 Auslegen von Druckschläuchen

Vorhandene Möglichkeiten der Unterführung von Verkehrswegen sind auszunutzen wie Freiraum unter Gleisen, Rohrdurchlässe.

Hinweis zur Sicherheit:
- Der Gleiskörper darf erst nach Freigabe betreten werden.

4.8 Einsatz von Schlauchbrücken

Beim Überqueren von Straßen mit Schlauchleitungen sind mindestens zwei, besser drei Schlauchbrücken auf einer Fahrbahnseite so auszulegen, dass Fahrzeuge verschiedener Spurbreite (PKW/LKW) die Leitung überfahren können. Auf Verkehrssicherung ist besonders zu achten.

4 Auslegen von Druckschläuchen

4.9 Zurücknehmen von Druckschläuchen

Die Schlauchleitung ist an geeigneten Stellen zu entkuppeln.

- Wasserschaden verhindern –
- Glatteisgefahr beachten –

Zur Entleerung wird der Schlauch fortlaufend hochgehoben oder in abfallendem Gelände so gelegt, dass das Wasser durch natürliches Gefälle abfließt.

Der C-Druckschlauch wird bei der Zurücknahme in Buchten über die Schulter gelegt, wobei sich die Kupplungen vor dem Körper befinden oder er wird wie B-Druckschläuche einfach oder doppelt gerollt.

5 Handhabung und Bedienung von wasserführenden Armaturen

5.1 Verteiler

Der Verteiler wird an der befohlenen Stelle abgelegt.

Für das Anschließen der Leitungen an den Verteiler gilt:

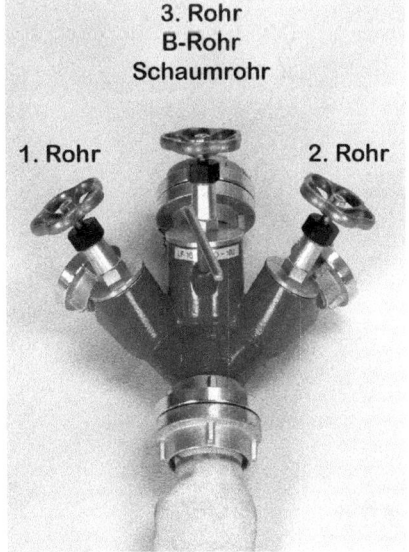

3. Rohr
B-Rohr
Schaumrohr

1. Rohr   2. Rohr

5.2 Strahlrohre

Handhabung eines CM-Strahlrohres

Der Truppmann kuppelt und hält das CM-Strahlrohr.
Die Entfernung des Mundstückes erfolgt nur auf Befehl des Einheitsführers.
  Hebel am Schaltorgan des CM-Strahlrohres nach vorn: Vollstrahl
  Hebel am Schaltorgan des CM-Strahlrohres nach hinten: Sprühstrahl

Hinweise zur Sicherheit:
- Sicherheitsabstände im Löscheinsatz in elektrischen Anlagen beachten.
- Angekuppelte Strahlrohre dürfen nicht im geöffneten Zustand abgelegt werden.

5 Handhabung und Bedienung von wasserführenden Armaturen

Handhabung eines BM-Strahlrohres

Der Truppführer und der Truppmann kuppeln das BM-Strahlrohr mit Stützkrümmer an den B-Druckschlauch an.

Die Entfernung des Mundstückes erfolgt nur auf Befehl des Einheitsführers.

Hebel am Schaltorgan des BM-Strahlrohres nach vorn: Vollstrahl

Hebel am Schaltorgan des BM-Strahlrohres nach hinten: Sprühstrahl

Hinweise zur Sicherheit:
- Sicherheitsabstände im Löscheinsatz in elektrischen Anlagen beachten.
- Das BM-Strahlrohr mit Stützkrümmer muss von mindestens zwei Feuerwehrangehörigen gehalten werden. Die B-Leitung stützt sich in der Achse des Stützkrümmers zum Boden ab und leitet so die Rückkraft ab. Zu diesem Zweck sollte der Schlauch hinter dem Stützkrümmer auf ca. 5 Metern gerade verlegt sein.
- Das BM-Strahlrohr ohne Stützkrümmer muss von mindestens drei Feuerwehrangehörigen gehalten werden.
- Dies gilt auch, wenn bei Verwendung eines Stützkrümmers keine ausreichende Standsicherheit gegeben ist.
- Angekuppelte Strahlrohre dürfen nicht im geöffneten Zustand abgelegt werden.

5 Handhabung und Bedienung von wasserführenden Armaturen

Handhabung von Hohlstrahlrohren

Der Truppmann kuppelt das Hohlstrahlrohr an die C-Druckschlauchleitung und stellt vor der Wasserabgabe den erforderlichen Sprühwinkel und die befohlene Durchflussmenge ein.

Hinweise zur Sicherheit:
- Sicherheitsabstände im Löscheinsatz in elektrischen Anlagen beachten.
- Der vorgehende Trupp muss mit der Bedienung und den Besonderheiten (Löschwasserverbrauch, Rückstoßgefahr, Wasserdampfbildung, etc.) des Hohlstrahlrohres vertraut sein.
- Bei Verwendung eines Hohlstrahlrohres mit B-Kupplung soll ein Stützkrümmer verwendet oder ein dritter Feuerwehrangehöriger zur Unterstützung eingesetzt werden.
- Angekuppelte Strahlrohre dürfen nicht im geöffneten Zustand abgelegt werden.
- Herstellerangaben beachten.

5 Handhabung und Bedienung von wasserführenden Armaturen

5.3 Schaumstrahlrohre und tragbare Zumischer

Handhabung eines Schaumstrahlrohres

Der Truppmann kuppelt und hält das Schaumstrahlrohr, der Truppführer sichert eine ausreichende Schlauchreserve und unterstützt anschließend den Truppmann.

Das Schaumstrahlrohr soll erst auf das Objekt gerichtet werden, wenn Schaum in gleichmäßiger Qualität erzeugt wird.

Bei der Handhabung von Schaumstrahlrohren ist darauf zu achten, dass
- kein Brandrauch angesaugt wird,
- die Luftzutrittsöffnungen nicht zugehalten werden,
- der richtige Druck ansteht.

Bei Kombinationsschaumstrahlrohren soll die Schaumart nur auf Befehl des Einheitsführers umgestellt werden.

Alle eingesetzten Geräte müssen nach Benutzung gründlich mit Wasser gespült werden.

Handhabung des tragbaren Zumischers

Der Zumischer wird in Richtung des Pfeils auf dem Zumischer zwischen Verteiler und Schaumstrahlrohr in die Druckschlauchleitung eingekuppelt.

Die Dosiereinrichtung wird auf die erforderliche Zumischung eingestellt. Der Ansaugschlauch wird angekuppelt und in den Schaummittelbehälter eingeführt.

Hinweise zur Sicherheit:
- In unter Spannung stehenden elektrischen Anlagen darf Schaum nicht eingesetzt werden.
- Schaummittel sind wasser- und gesundheitsgefährdende Stoffe.
- Schaum nicht einatmen und verschlucken.
- Augenschutz anwenden.

6 Wasserentnahme

6.1 Auslegen der Saugleitung

Tragen eines 1,60 m langen Saugschlauches. Der Saugschlauch sollte aus Gründen der Unfallverhütung möglichst senkrecht getragen werden.

Das Tragen von zwei Saugschläuchen erfolgt durch zwei Feuerwehrangehörige.

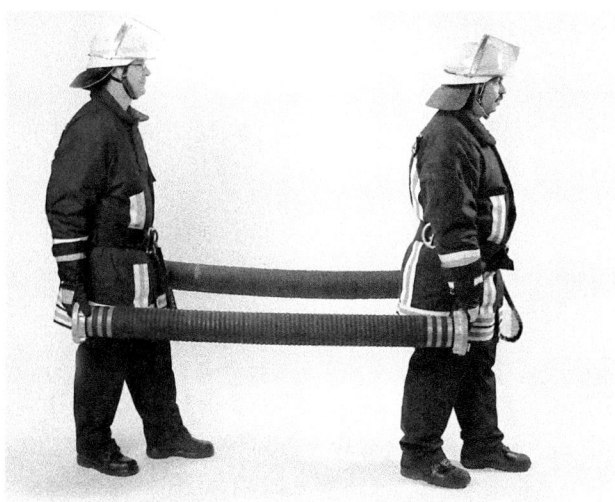

Die Saugschläuche werden beim Kuppeln zwischen den Beinen festgehalten. Die Kupplungen werden von Hand vorgekuppelt. Durch Rechtsdrehen fassen die Knaggen und werden mit dem Kupplungsschlüssel nachgezogen.

Beim Kuppeln mit Schnellkupplungsgriffen erfassen die Hände die Griffe, setzen die Kupplungen gegeneinander (Griffe waagerecht) und drehen die Knaggenteile jeweils nach rechts bis zum Anschlag.

Das Kuppeln der Saugleitung beginnt am Saugkorb.

Ein Trupp kuppelt, der andere Trupp unterstützt. Werden weniger als drei Saugschläuche benötigt, richtet der Wassertrupp die Wasserentnahme alleine her.

Nach dem Kuppeln von zwei Saugschläuchen treten alle Feuerwehrangehörigen in Blickrichtung zur Pumpe nach rechts neben die am Boden liegende Leitung beziehungsweise an der dem Wasser abgewandten Seite, gehen vorwärts zur neuen Position, treten wieder über die Leitung und führen einen erneuten Kupplungsvorgang durch.

6 Wasserentnahme

Anbringen einer Mehrzweckleine als Halteleine an der Saugleitung

Sofern eine Halteleine verwendet wird, ist diese am Saugkorb vor dem Anbringen des Saugschutzkorbes mittels Zimmermannsschlag oder Mastwurf und Spierenstich zu befestigen. Anschließend wird sie an jedem Saugschlauch mittels Halbschlag befestigt. Es ist darauf zu achten, dass die Halteleine angemessen fest verlegt wird. Sie wird an einem geeigneten Festpunkt befestigt. Das Anbringen der Halteleine ist insbesondere bei fließenden Gewässern und in Schächten zweckmäßig.

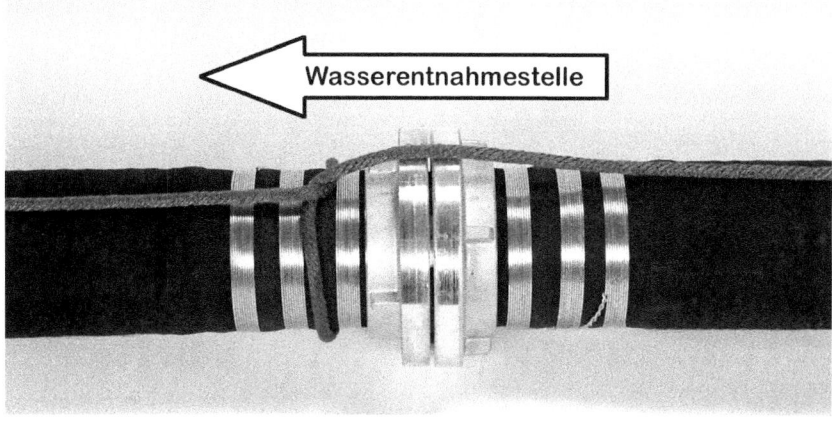

6 Wasserentnahme

Anbringen der Ventilleine am Saugkorb.

Die Ventilleine wird mit dem Karabinerhaken in das Auge oder den Ring des Rückschlagorgans eingehängt.
 Beim Anbringen eines Saugschutzkorbes darf die Ventilleine nicht eingeklemmt werden.

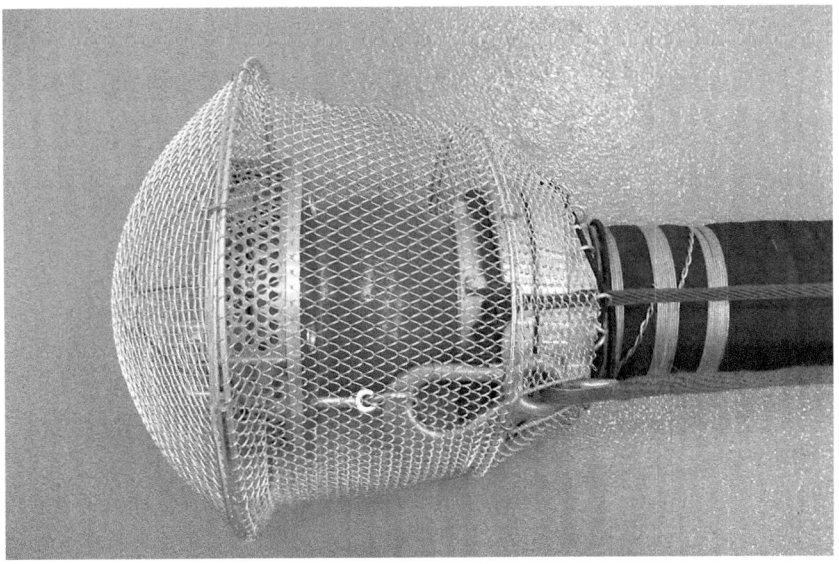

6.2 Wasserentnahme aus offenen Gewässern

Die Saugleitung wird zunächst durch den Maschinisten an die Pumpe angekuppelt. Danach erfolgt das Zu-Wasser-Bringen und das Positionieren der Saugleitung im Gewässer. Sie soll genügend tief und entgegen der Fließrichtung liegen. Anschließend wird die Halteleine unter Spannung an einer geeigneten Stelle befestigt.

Die Ventilleine wird lose verlegt und neben der Pumpe abgelegt.

Beim Einsatz einer Tragkraftspritze ist diese bei Erfordernis vor Anschluss der Saugleitung gegen Ab-/Verrutschen zu sichern.

Zur Wasserentnahme aus offenem Gewässer kann auch eine Turbinentauchpumpe oder eine Tauchmotorpumpe verwendet werden.

6 Wasserentnahme 47

6.3 Wasserentnahme aus Saugschacht

Der Schachtdeckel ist mit Hilfe der Schachthaken einseitig anzuheben und nach hinten wegzuziehen.

Die Saugleitung wird fertiggestellt und nach dem Ankuppeln an die Feuerlöschkreiselpumpe zu Wasser gebracht.

6 Wasserentnahme

6.4 Wasserentnahme aus Löschwasser-Sauganschluss

Die Entnahme aus einem Löschwasser-Sauganschluss bei Löschwasserbrunnen, -behältern und -teichen erfolgt unter Verwendung von Saugschläuchen.

6.5 Wasserentnahme aus Hydranten

6.5.1 Unterflurhydrant

Trageweise von Standrohr und Unterflurhydrantenschlüssel

Die Klauenmutter muss bis zum unteren Anschlag heruntergeschraubt sein.

6 Wasserentnahme

Zum Einsetzen des Standrohres wird der Deckel der Straßenkappe abgehoben. Festsitzende Deckel werden durch Schläge mit dem Unterflurhydrantenschlüssel gelockert.

Das Standrohr wird nach Entfernen des Klauendeckels und Reinigung des Sitzes in den Unterflurhydranten eingesetzt und durch Rechtsdrehen mit dem Griff festgezogen. Muss das Standrohroberteil gedreht werden, darf das nur mit Rechtsdrehung geschehen.

Ein Abgang am Standrohr wird geöffnet.

Danach wird mit dem Unterflurhydrantenschlüssel der Hydrant geöffnet (bis zum Anschlag aufdrehen und anschließend eine halbe Umdrehung zurück!) und gespült.

Nach dem Schließen des Hydranten ist zur Belüftung und Entwässerung ein freier Druckabgang zu öffnen.

Bei einer Wasserentnahme aus Schachthydranten muss dieser zur Reinigung gründlich gespült werden, bevor das Standrohr aufgesetzt wird.

6.5.2 Überflurhydrant

Überflurhydrant mit Fallmantel

Mit dem Überflurhydrantenschlüssel wird durch Linksdrehen des Dreikants die Sperre des Fallmantels gelöst. Dann werden die oberen Ventilabgänge frei.

6 Wasserentnahme

Durch Linksdrehen des Haubendeckels (bis zum Anschlag und anschließend eine halbe Drehung zurück) wird das Hydrantenventil geöffnet und der Hydrant über einen vorher geöffneten freien Druckabgang gespült.

Überflurhydrant mit freiliegenden oberen Abgängen

Mit dem Überflurhydrantenschlüssel ist die entsprechende Deckkapsel zu entfernen. Anschließend wird das Absperrventil mit dem Schlüssel durch Linksdrehen der Haubenspitze geöffnet und der Hydrant gespült. Dann wird der Druckschlauch angeschlossen.

Bei Überflurhydranten mit Vorschieber ist sinngemäß zu verfahren.

7 Einsatz von Kleinlöschgeräten

7.1 Kübelspritze A

Die Kübelspritze A wird von zwei Feuerwehrangehörigen eingesetzt.

7 Einsatz von Kleinlöschgeräten

7.2 Feuerlöscher

Der Feuerlöscher ist gemäß der Herstellerangaben (Brandklasseneignung, Warnhinweise) einzusetzen.

Bei Inbetriebnahme dürfen sich keine Körperteile in Wirkrichtung des Überdruckventils und des Löschstrahles befinden.

Nach Beendigung des Einsatzes ist der Feuerlöscher auf den Kopf zu stellen und drucklos zu machen.

8 Handhabung einfacher Hilfeleistungsgeräte

8.1 Brechstange

Die Brechstange wird als Hebel verwendet. Sie wird in der technischen Hilfeleistung bevorzugt zum Anheben von Lasten und zum Öffnen von Türen eingesetzt. Bei Kraftfahrzeugunfällen kann die Brechstange zum Vorbereiten der Tür für das Öffnen mit dem Spreizer verwendet werden.

Beim Anheben von Lasten muss der Nachteil der geringen Hubhöhe durch Unterlegen eines Kantholzes ausgeglichen werden.

Hinweise zur Sicherheit:
- Beim Einsatz der Brechstange ist Gesichtsschutz zu verwenden.
- Nicht mit dem Hammer auf die Spitze oder Klaue schlagen, weil das gehärtete Material sonst abplatzt.

8 Handhabung einfacher Hilfeleistungsgeräte

- Beim Heben von Lasten ist der Gefahr des Abrutschens bei Metall auf Metall durch gleithemmende Zwischenlagen (zum Beispiel Holz) vorzubeugen.
- Beim Heben von Lasten muss die Last durch Unterbauen gesichert werden.

8.2 Nageleisen

Das Nageleisen dient zum Ziehen von Nägeln sowie zum Aufbrechen von Holzkonstruktionen, zum Öffnen von Türen und Fenstern und zum Bewegen kleinerer Lasten.

Hinweise zur Sicherheit:
- Beim Einsatz des Nageleisens zum Aufbrechen und ähnlichen Verrichtungen ist Gesichtsschutz zu verwenden.
- Das Nageleisen soll nicht als Meißel oder Stemmeisen verwendet werden.

Im Übrigen kann auch ein Brechwerkzeugsatz zur Verfügung stehen. Er beinhaltet eine Zusammenstellung der bei den Feuerwehren gebräuchlichen Hilfsmittel zum Eindringen in Räume, verpackt in einer Tragetasche.

8.3 Feuerwehr-Werkzeugkasten

Der Feuerwehr-Werkzeugkasten beinhaltet weitgehend genormte Werkzeuge, die den Einsatzerfordernissen der Feuerwehr entsprechen.

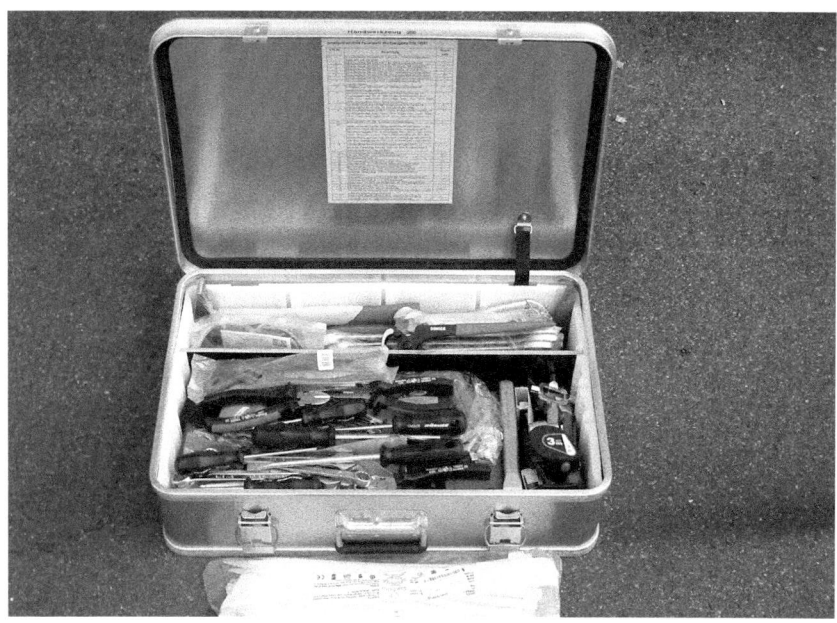

8 Handhabung einfacher Hilfeleistungsgeräte

Es lassen sich damit die an Einsatzstellen notwendigen Handwerksarbeiten durchführen, zum Beispiel:

- Anziehen und Lösen von Rohrverbindungen
- Trennen von Drähten
- Sägen von Metallteilen
- Anziehen und Lösen von Schraubenverbindungen
- Meißeln von Stahl und Stein
- Abdichten von Leitungen und Behältern

8.4 Feuerwehr-Elektrowerkzeugkasten

Der Feuerwehr-Elektrowerkzeugkasten wird eingesetzt, um Sicherungsmaßnahmen an elektrischen Niederspannungsanlagen, insbesondere das Freischalten, durchzuführen.
Er enthält eine Zusammenstellung von bis 1000 Volt isolierten Werkzeugen sowie Zubehör.

Die Werkzeuge und das Zubehör ermöglichen:
- Feststellen der Spannungsfreiheit
- Ziehen von Niederspannungs-Hochleistungssicherungen (NH-Sicherungen)
- Sichern gegen Wiedereinschalten
- Kenntlichmachen von freigeschalteten Anlagen

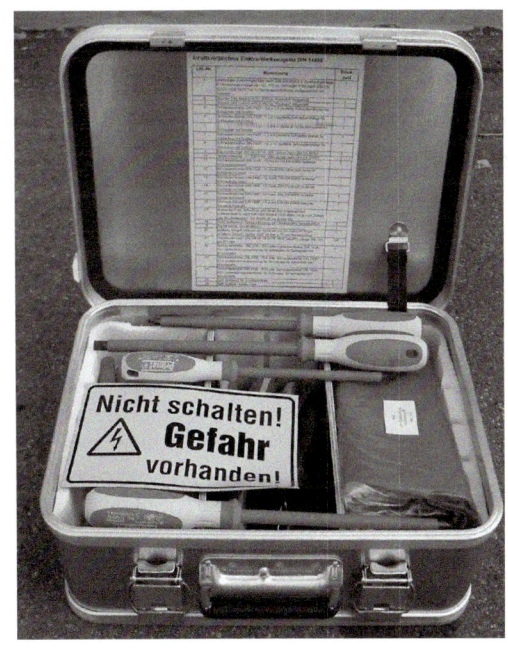

Hinweis zur Sicherheit:
- Zur Handhabung ist Elektro-Fachpersonal einzusetzen.

8.5 Einreißhaken

Der Einreißhaken dient zum Einreißen, Einstoßen und Herausziehen von Bauteilen und anderen Gegenständen aus dem Gefahrenbereich.

Der Einreißhaken besteht in der Regel aus zwei Teilen (Holzstiel mit Haken und Verlängerungsteil). An der Stielhülse des Hakens befindet sich eine Öse, an der eine Mehrzweckleine befestigt werden kann. So kann mittels angeschlagener Mehrzweckleine der Zug beim Einreißen unterstützt werden.

8 Handhabung einfacher Hilfeleistungsgeräte 61

Hinweise zur Sicherheit:
- Beim Einsatz des Einreißhakens ist Gesichtsschutz zu verwenden.
- Der Einreißhaken soll nicht als Hebel verwendet werden.
- Beim Einreißen nicht hinter dem Stielende stehen.
- Personen sollen sich nicht im Wirkungsbereich herabfallender Teile aufhalten.

8.6 Schachtabdeckungen

Schachtabdeckungen, mineralölbeständig und flüssigkeitsdicht, werden verwendet zum Schließen von Kanalisationseinläufen beim Freiwerden von Flüssigkeiten, zum Beispiel gefährlicher Stoffe oder belastetem Löschwasser. Unter die Schachtabdeckung sollte eine mineralölbeständige Schaumstoffmatte gelegt werden.

8.7 Bindemittel

Bindemittel dienen dem Zweck, mit flüssigen gefährlichen Stoffen, zum Beispiel Mineralölprodukten, verschmutzte Oberflächen abzustreuen und damit den Stoff zu binden.

Die Eignung des Bindemittels für den gefährlichen Stoff und die Oberfläche ist zu beachten. Es ist dafür Sorge zu tragen, dass das Bindemittel wieder aufgenommen und fachgerecht entsorgt wird.

Hinweis zur Sicherheit:
- Bindemittel, die Flüssigkeiten aufgenommen haben, haben damit ähnliche Eigenschaften wie die aufgenommene Flüssigkeit. Es sind deshalb die gleichen Vorsichtsmaßnahmen einzuhalten, wie sie für die Flüssigkeit notwendig sind.

9 Verlegen von elektrischen Leitungen

Elektrische Leitungen dienen zur Stromversorgung elektrisch betriebener Arbeitsgeräte oder Beleuchtungsgeräte. Sie werden zwischen dem am Verwendungsort bereitgestellten Elektrogerät (Verbraucher) und dem Stromerzeuger aufgebaut.

Der ausführende Trupp rüstet sich mit Leitungsroller aus und schließt den Stecker des elektrisch betriebenen Arbeitsgeräts oder des Abzweigstücks an die Steckdose der elektrischen Leitung an.

9 Verlegen von elektrischen Leitungen

Der Stecker des Verbrauchers ist vor dem Auslegen der elektrischen Leitung an die Steckdose der Verbindungsleitung des Leitungsrollers anzuschließen, um Verschmutzungen von Stecker und Steckdose beim Ablegen zu vermeiden. Die jeweiligen Blindkupplungen sind zum Schutz vor Verschmutzungen miteinander zu kuppeln.

Die elektrische Leitung wird vollständig von dem Leitungsroller abgerollt, um unzulässige Erwärmung zu vermeiden. Wird nicht die gesamte Länge der Leitung benötigt, so ist der verbleibende Rest an geeigneter Stelle in Buchten zu verlegen. Stolperfallen sind zu vermeiden.

Der Maschinist nimmt den Stromerzeuger in Betrieb, zieht die Zuleitung mit Stecker von der Hilfstrommel ab und schließt, nachdem der Verbraucher angeschlossen und die gesamte elektrische Leitung (Stromversorgung) aufgebaut ist, den Stecker an den Stromerzeuger an.

9 Verlegen von elektrischen Leitungen

Reicht die Länge der elektrischen Leitung nicht aus, kann mit der Leitung eines zweiten Leitungsrollers verlängert werden. Eine weitere Verlängerung ist nicht zulässig.

Hinweis:
Je nach verwendeter Art des Leitungsrollers kann auch eine umgekehrte Verlegungsrichtung erforderlich sein.

Hinweise zur Sicherheit:
- An einen Stromerzeuger dürfen elektrische Leitungen nur mit bestimmten Leitungslängen angeschlossen werden (siehe Abbildungen). Die Längen der Anschlussleitungen der Verbraucher können hierbei vernachlässigt werden, sofern die einzelne Anschlussleitung nicht länger als 10 Meter ist (Angaben des Stromerzeuger-Herstellers beachten).

Beispiele für die Länge einzelner Leitungen

S = Stromerzeuger   V = Verbraucher

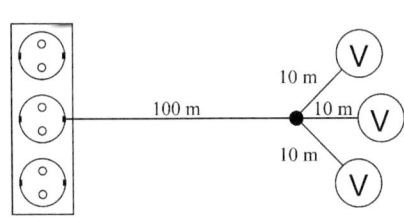

Zulässig:
Zwischen Stromerzeuger und Verbraucher liegen 100 Meter Leitungslänge. Die Geräteanschlussleitungen von maximal 10 Meter Länge können vernachlässigt werden.

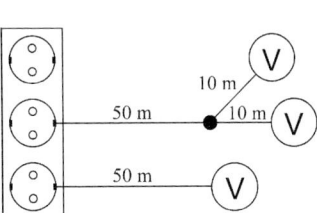

9 Verlegen von elektrischen Leitungen

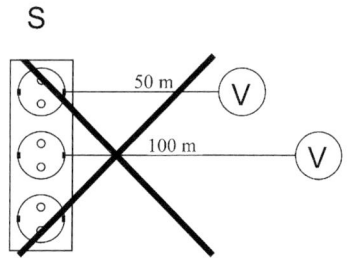

Unzulässig:
Zwischen zwei Verbrauchern liegt eine Leitungslänge von mehr als 100 Metern.

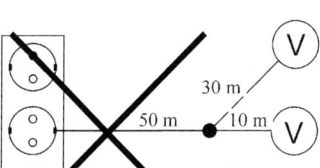

Unzulässig:
Zwischen Stromerzeuger und Verbraucher liegen zwar 100 Meter Leitungslänge, aber durch die Anschlussleitung des Verbrauchers von 30 Meter (größer als 10 Meter) wird die zulässige Leitungslänge überschritten.

- Die Länge einer elektrischen Leitung darf 100 Meter nicht überschreiten, somit können zum Beispiel maximal zwei Leitungsroller mit jeweils 50 Meter Leitungslänge hintereinander zum Einsatz kommen.
- Elektrische Leitung, Stecker und Steckdosen sind gegen mechanische Einwirkungen (scharfe Kanten, spitze Gegenstände) zu schützen.
- Stecker und Steckdose, miteinander verbunden, sind nur dann druckwasserdicht, wenn sie arretiert sind. Andere Steckverbindungen sind nicht wasserdicht!
- Das Verlegen von elektrischen Leitungen über befahrene Straßen und Wege ist zu vermeiden. Ist dies nicht zu umgehen, so muss in gleicher Art und Weise, wie beim Überqueren von Verkehrswegen mit Schlauchleitungen, verfahren werden. Das heißt, es müssen Schlauchbrücken verlegt und Verkehrssicherungsmaßnahmen getroffen werden.
- Elektrische Leitungen sollen nicht in die Nähe von offenem Feuer und heißen Gegenständen gebracht werden.
- Elektrische Leitungen sollen nicht mit Säuren oder Laugen in Berührung gebracht werden.

9 Verlegen von elektrischen Leitungen

- Stromerzeuger und nicht ex-geschützte elektrische Leitungen dürfen nicht in ex-plosionsgefährdeten Bereichen eingesetzt werden.
- Elektrische Leitungen sollen nur an den Stromerzeugern der Feuerwehr angeschlossen werden.
- Sollte in Ausnahmefällen auf Grund der Einsatzsituation ein anderer Speisepunkt erforderlich sein, darf der Anschluss nur über einen Personenschutzschalter mit einem Nennstrom von maximal 30 mA, allpoliger Abschaltung und Schutzleiterüberwachung erfolgen. Das Gehäuse des Personenschutzschalters muss mindestens die Schutzart IP 54 (staub- und spritzwassergeschützt) entsprechen und über eine druckwasserdichte Kupplung verfügen. Der Personenschutzschalter ist möglichst nahe an der Stromentnahmestelle zu installieren.
- Es dürfen nur Leitungsroller verwendet werden, deren Leitungsquerschnitt 2,5 mm^2 beträgt.

10 Beleuchtungsgeräte

10.1 Handscheinwerfer

Der Handscheinwerfer ist ein netzunabhängiges Beleuchtungsmittel. Er dient in der Regel zum Ausleuchten beim Vorgehen an Einsatzstellen.

Hinweise zur Sicherheit:
- Die Eignung des Handscheinwerfers für explosionsgefährdete Bereiche ist zu beachten.
- Der Handscheinwerfer darf nur in Verbindung mit für explosionsgefährdete Bereiche zugelassenen, geschlossenen Batterien oder Akkumulatoren verwendet werden.
- Der Handscheinwerfer darf nicht in explosionsgefährdeten Bereichen geöffnet werden.
- Der Handscheinwerfer darf nicht in Verbindung mit farbiger Vorsteckscheibe oder Gelblichtkalotte zur Warnung im Straßenverkehr verwendet werden. Hierfür sind ausschließlich zugelassene Warnleuchten zu verwenden.

10.2 Kopfleuchte

Die Kopfleuchte ist ein netzunabhängiges Beleuchtungsmittel. Sie dient zum Ausleuchten beim Vorgehen in engen Räumen und bei Arbeitsverrichtungen, bei denen beide Hände frei sein müssen.
Der Lampenkörper der Kopfleuchte wird am Feuerwehrhelm nach Angaben des Helmherstellers befestigt.

Hinweise zur Sicherheit:
- Die Eignung der Kopfleuchte für explosionsgefährdete Bereiche ist zu beachten.
- Die Kopfleuchte darf nur in Verbindung mit den dafür vorgeschriebenen zugelassenen Batterien oder Akkumulatoren verwendet werden.

10 Beleuchtungsgeräte

- Die Kopfleuchte darf nicht in explosionsgefährdeten Bereichen geöffnet werden.
- Die Kopfleuchte darf nicht in Verbindung mit farbigen Vorsteckscheiben zur Warnung im Straßenverkehr verwendet werden. Hierfür sind ausschließlich zugelassene Warnleuchten zu verwenden.

10.3 Flutlichtstrahler

Flutlichtstrahler dienen dem großflächigen Ausleuchten von Einsatzstellen.

Die Einsatzstelle soll blend- und schattenfrei so ausgeleuchtet werden, dass Gefahrenstellen erkannt werden sowie sicheres Retten und Arbeiten möglich ist.

Zum Aufbau von mobilen Flutlichtstrahlern werden Abzweigstück, Flutlichtstrahler, Aufnahmebrücke und Stativ einschließlich Sturmverspannung benötigt. Sie werden an der befohlenen Stelle bereitgelegt.

Flutlichtstrahler, Aufnahmebrücke und Stativ werden miteinander verbunden, der Abstrahlwinkel der Flutlichtstrahler eingestellt und das Stativ im Regelfall ganz ausgeschoben. Die Sturmverspannung wird zuvor am Stativ befestigt.

Die Anschlussleitungen der Flutlichtstrahler werden mit den Abgängen des Abzweigstücks verbunden und das Abzweigstück an die elektrische Leitung zum Stromerzeuger beziehungsweise an die Steckdose des Leitungsrollers angeschlossen.

Nach dem Ausschalten muss der Flutlichtstrahler mindestens 10 Minuten abkühlen, bevor er abgebaut und auf dem Fahrzeug verlastet wird.

Hinweise zur Sicherheit:
- Flutlichtstrahler dürfen nicht in Bereichen mit explosionsfähiger Atmosphäre eingesetzt werden.
- Die Stecker und Steckdose, miteinander verbunden, sind nur dann druckwasserdicht, wenn sie arretiert sind. Andere Steckverbindungen sind nicht wasserdicht.
- Flutlichtstrahler nicht anspritzen.
- Flutlichtstrahler nicht werfen, Erschütterungen vermeiden.

10 Beleuchtungsgeräte

11 Tauchmotorpumpe

Die Tauchmotorpumpe ist eine elektrisch betriebene Feuerwehrpumpe, die vorwiegend zur Förderung von Wasser im Lenzeinsatz dient.

Vor dem Einsatz der Tauchmotorpumpe ist eine B-Leitung zur Stelle der Wasserabgabe aufzubauen. Die Druckschläuche sind sorgfältig auszulegen, um Wasserfluss bei niedrigem Druck zu ermöglichen. Knickstellen sind zu vermeiden. Das Schlauchende ist gegen Schlagen zu sichern. Die B-Leitung wird an den B-Anschluss der Tauchmotorpumpe angeschlossen.

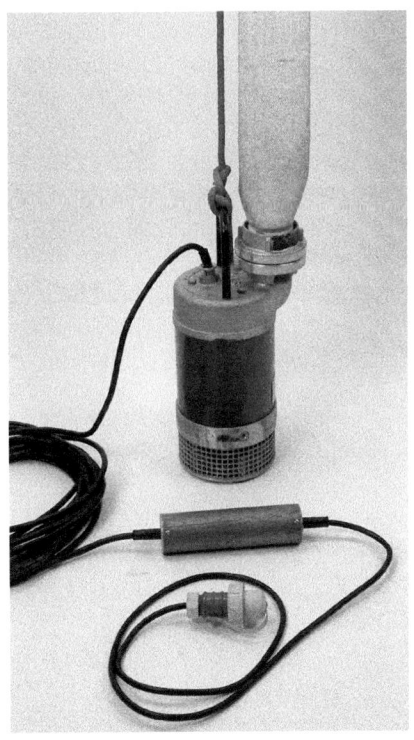
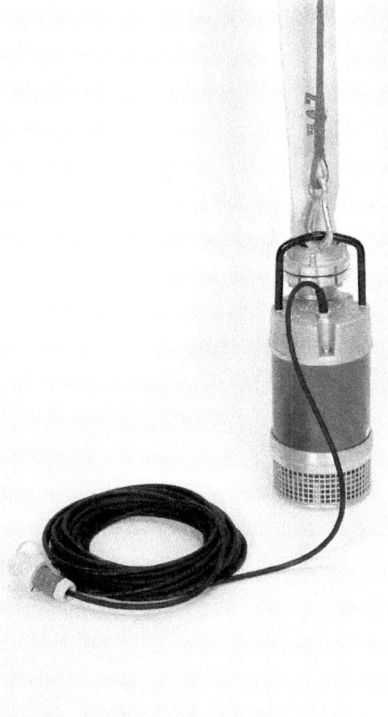

Eine Mehrzweckleine ist mit Mastwurf und Spierenstich oder Karabinerhaken an der Tauchmotorpumpe zu befestigen. Die Tauchmotorpumpe ist mit Hilfe der Mehrzweckleine zu Wasser zu lassen, danach den Stecker der Tauchmotorpumpe an die Steckdose der elektrischen Leitung zum Stromerzeuger anschließen.

Hinweise zur Sicherheit:
- Brennbare Flüssigkeiten, Säuren, Laugen und Lösemittel dürfen nicht mit der Tauchmotorpumpe gefördert werden.
- Die Tauchmotorpumpe darf nicht in explosionsgefährdeten Bereichen eingesetzt werden.
- Die Tauchmotorpumpe soll nur an einen für die Feuerwehr genormten Stromerzeuger angeschlossen werden.
- Sollte in Ausnahmefällen auf Grund der Einsatzsituation ein anderer Speisepunkt erforderlich sein, darf der Anschluss nur über einen Personenschutzschalter mit einem Nennstrom von maximal 30 mA, allpoliger Abschaltung und Schutzleiterüberwachung erfolgen. Das Gehäuse des Personenschutzschalters muss mindestens die Schutzart IP 54 (staub- und spritzwassergeschützt) entsprechen und über eine druckwasserdichte Kupplung verfügen. Der Personenschutzschalter ist möglichst nahe an der Stromentnahmestelle zu installieren.
- Die Tauchmotorpumpe darf nicht an der elektrischen Anschlussleitung zu Wasser gelassen werden.
- Bei Tauchmotorpumpen mit Anlaufkondensator (Metallhülse) darf dieser nicht ins Wasser gelegt werden.

12 Ziehen, Heben, Spreizen und Bewegen von Lasten

12.1 Hebebaum

Der Hebebaum dient zum Heben und Bewegen von Lasten bei geringer Hubhöhe. Die Belastbarkeit ist durch die Bauart und das Prinzip des einfachen Hebels begrenzt.

Hinweise zur Sicherheit:
- Beim Einsatz des Hebebaums ist Gesichtsschutz zu verwenden.
- Die Belastbarkeit des Hebebaums ist zu beachten.
- Die Last ist nötigenfalls gegen Wegrutschen zu sichern.
- Die Last muss beim Heben durch Unterbauen gesichert werden.

12.2 Zug- und Anschlagmittel

- Schäkel
  Schäkel dienen zum sicheren Verbinden und Anschlagen von Drahtseilen, Anschlagketten, Rundschlingen und Hebebändern.
- Seile
  Seile werden entsprechend ihrer zulässigen Belastung beispielsweise zum Sichern von Lasten, zum Anschlagen von Zugmitteln an Lasten oder als Zugmittel verwendet.
- Drahtseile
  Drahtseile werden als Zugseil oder Anschlagseil verwendet. Bei der Feuerwehr gebräuchliche Drahtseile haben an den Enden Schlaufen oder Kauschen. Anschlagseile sind in der Regel mit Schlaufen und Zugseile mit Kauschen ausgestattet.

Drahtseile sind empfindlich gegen Beschädigungen. Das Entstehen von Drahtseilschäden (zum Beispiel Schlingen, Knickstellen oder Drahtbruch) ist durch richtige Handhabung zu vermeiden.
Drahtseile sollen nicht geknickt oder ungeschützt über scharfe Kanten geführt werden. An Kanten sind Kantenreiter zu verwenden. Zum Umlenken oder zur Vergrößerung der Zugkraft an der Last ist eine Rolle zu verwenden.
Drahtseile müssen vor Gebrauch auf volle Länge ausgerollt werden.
- Sonstige Zug- und Anschlagmittel
Zum gleichen Zweck werden, soweit vorhanden, auch Anschlagketten, Rundschlingen oder Hebebänder verwendet.

Hinweise zur Sicherheit:
- Es dürfen nur zugelassene und für den Zweck geeignete Zug- und Anschlagmittel eingesetzt werden.
- Beim Umgang mit Drahtseilen müssen Schutzhandschuhe getragen werden.
- Drahtseile mit Schäden dürfen nicht eingesetzt werden.
- Die zulässige Belastung ist bei allen Zug- und Anschlagmitteln zu beachten, bei Drahtseilen ist die zulässige Belastung gegebenenfalls auf einer Marke angebracht.
- An Kanten sind alle Zug- und Anschlagmittel vor Abrieb und Beschädigung durch geeignete Unterlagen zu schützen.
- Drahtseile dürfen nur mit Hilfe von in den Kauschen oder Schlaufen befestigten Schäkeln verbunden beziehungsweise verlängert oder an Ösen (Fest- oder Haltepunkte) befestigt werden.
- Drahtseile mit Kausche dürfen nur mit in der Kausche befestigtem Schäkel an Haken befestigt werden.
- Die Kausche soll nicht im Schäkel verkantet werden.
- Schäkel sollen nicht als Umlenkeinrichtung oder zum Befestigen auf der Seillänge verwendet werden.
- Beim Schließen des Schäkels ist der Bolzen vollständig in den Bügel einzuschrauben und dann um eine halbe Umdrehung zurückzuschrauben.
- Schäkel dürfen nicht unter Spannung (Zug) geöffnet werden.

- Zu unter Last stehenden Drahtseilen ist ein Sicherheitsabstand von mindestens dem 1,5 fachen der Seillänge einzuhalten.
- Der Neigungswinkel bei Anschlagmitteln soll nicht größer als 60° sein.

12.3 Mehrzweckzug

Der Mehrzweckzug wird zum Ziehen, Heben, Ablassen und Sichern von Lasten verwendet.

Am Mehrzweckzug befinden sich ein Vorschub- und ein Rückzughebel sowie ein Schaltgriff zum Arretieren und Lösen des Zugseils. Im Vorschubhebel ist eine Überlastsicherung (Scherstifte) eingebaut.

Das Zugseil soll nicht als Anschlagseil verwendet werden. Ansonsten gelten für den Gebrauch des Zugseils die gleichen Grundsätze wie für den Gebrauch anderer Drahtseile.

Die Last wird mit einem Anschlagmittel am Seilhaken des Zugseils befestigt.

12 Ziehen, Heben, Spreizen und Bewegen von Lasten

Der Mehrzweckzug wird in der Regel mit einem Anschlagmittel an einem Festpunkt befestigt.

Als Festpunkt können auch Erdanker verwendet werden.

Hinweise zur Sicherheit:
- Das Zugseil soll nur für den Mehrzweckzug und nicht zu anderen Zwecken verwendet werden.
- Das Zugseil soll nicht über Kanten geführt oder geknickt werden, hierdurch wird es für seinen Zweck unbrauchbar.
- Das Zugseil soll nicht direkt an der Last befestigt oder angeschlagen werden.
- Der Schaltgriff darf unter Last nicht betätigt werden.
- Die zulässige Belastung des Mehrzweckzugs ist zu beachten.
- Wenn die Überlastsicherung (Scherstifte) wirksam geworden ist, ist nur noch Entlasten möglich. Die Last muss dann abgesichert oder abgelassen werden.
- Es dürfen nur vom jeweiligen Hersteller zugelassene Scherstifte eingesetzt werden.
- Das Zugseil darf erst dann durch Betätigen des Schaltgriffs in der Zugvorrichtung gelöst werden, wenn es entlastet und von der Last getrennt ist.
- Zu unter Last stehenden Seilen ist ein Sicherheitsabstand r von mindestens dem 1,5 fachen der wirksamen Seillänge einzuhalten.

12 Ziehen, Heben, Spreizen und Bewegen von Lasten

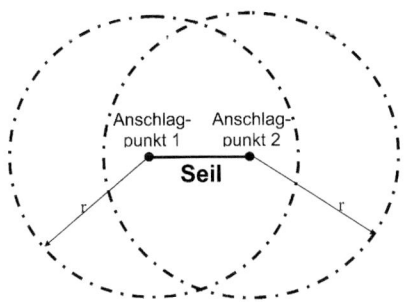

12.4 Maschinelle Zugeinrichtung

Maschinelle Zugeinrichtungen, die in Feuerwehrfahrzeugen eingebaut sind, dienen zum Ziehen und/oder Sichern einer Last. Der Zug wird in Längsrichtung des Fahrzeuges und im Bodenzug (mit zulässigen Abweichungen der Schrägwinkel) ausgeübt.

Am freien Ende des Zugseils befindet sich eine Vollkausche.

Das Zugseil soll nicht direkt an der Last oder einem Festpunkt befestigt oder angeschlagen werden, es sei denn, an der Last oder am Festpunkt befindet sich eine geeignete Vorrichtung. In der Regel wird ein Anschlagmittel verwendet. Das Anschlagmittel wird mit einem entsprechend belastbaren Schäkel an der Vollkausche des Zugseils befestigt.

Vor dem Einsatz der Zugeinrichtung ist die Lenkung des Fahrzeugs gerade zu stellen und die auf alle Räder wirkende Feststellbremse in Betrieb zu nehmen.

Das Fahrzeug ist mit Unterlegkeilen gegen Wegrutschen zu sichern. Sie werden vor den Rädern der der Last zugewandten Achse eingesetzt.

Die Zugkraft ist durch geeignete Verwendung der Zugeinrichtung so zu begrenzen, dass ein Wegrutschen des ziehenden Fahrzeugs ausgeschlossen ist.

Beim Einziehen des Zugseils dürfen bestimmte Seiten- und Höhenwinkel nicht überschritten werden. Angaben hierzu sind aus den Hinweisen des Herstellers zu entnehmen.

Hinweise zur Sicherheit:
- Die allgemeinen Regeln zum Gebrauch von Drahtseilen und Schäkeln sind zu beachten.
- Die Hinweise des Herstellers der Zugeinrichtung sind zu beachten.
- Die zulässige Belastung der Zugeinrichtung, von Schäkeln und Anschlagmitteln darf nicht überschritten werden.

12 Ziehen, Heben, Spreizen und Bewegen von Lasten

- Der zulässige Schrägzugwinkel soll nicht überschritten werden.
- Die Zugeinrichtung soll nicht zum Heben von Lasten verwendet werden.
- Solange Lasten an der Zugeinrichtung angeschlagen sind und während des Ziehens von Lasten mit der Zugeinrichtung darf das Feuerwehrfahrzeug nicht bewegt werden.
- Zu unter Last stehenden Seilen ist ein Sicherheitsabstand r von mindestens dem 1,5 fachen der wirksamen Seillänge einzuhalten.
- Beim Aufspulen des Zugseils ist die Quetschgefahr für Hände zu beachten. Daher ist beim Führen des Zugseils mit den Händen ein Abstand von ca. 1 m von der Propellerrolle einzuhalten.

12.5 Spreizer

Der Spreizer ist ein hydraulisch betriebenes Gerät zum Spreizen, Drücken, Ziehen und Heben von Lasten. Er wird insbesondere zum Retten eingeschlossener oder eingeklemmter Personen aus verunglückten Kraftfahrzeugen verwendet und dient hierbei zum Öffnen von Türen, Hochdrücken von Fahrzeugdächern usw.

Die Hydraulikpumpe wird so abgestellt, dass für die Hydraulikschläuche genügend Bewegungsfreiheit verbleibt. Die Hydraulikleitungen werden mittels der Steckkupplungen verbunden.

12 Ziehen, Heben, Spreizen und Bewegen von Lasten

Beim Ansetzen des Spreizers sind Stöße, die sich auf die zu rettende Person übertragen, zu vermeiden. Nötigenfalls sind Öffnungen zum Ansetzen des Spreizers vorzubereiten. Zum Beispiel kann ein Türfalz durch Einsatz der Brechstange oder durch geeignete Spreiztechnik so vorbereitet werden, dass die Spitzen des Spreizers in der Öffnung angesetzt werden können.

Hinweise zur Sicherheit:
- Beim Einsatz des Spreizers ist Gesichtsschutz zu verwenden.
- Sollte zur umfassenden verletztenorientierten Rettung der Einsatz mehrerer hydraulischer Rettungsgeräte am gleichen Objekt notwendig sein, ist darauf zu achten, dass sich die Auswirkungen nicht gegenseitig negativ beeinflussen.
- Der Spreizer ist nur an den vorgesehenen Griffflächen zu tragen und zu bedienen.
- Die Steckkupplungen der Hydraulikschläuche sind gegen Verschmutzung zu schützen. Sie dürfen nicht unverbunden und ohne Staubschutzkappe auf dem Boden abgelegt werden. Ebenfalls sind die Staubschutzkappen der Steckkupplungen gegen Verschmutzung zu schützen, indem

12 Ziehen, Heben, Spreizen und Bewegen von Lasten

sie nach Schließen der Steckkupplung miteinander verbunden werden und die Steckkupplung dann erst abgelegt wird.
- Der Spreizer soll zum Spreizen nur mit den dafür vorgesehenen Spreizerspitzen mit Außenriffelung verwendet werden. Andere Spreizerspitzen, die gegebenenfalls im Austausch verwendet werden können, dürfen nur zu den vom Hersteller zugelassenen Zwecken verwendet werden.
- Spreizerarme nicht verkanten.

Der Spreizer kann durch Verwendung von Zugketten, die als Zubehör mitgeführt werden, zum Ziehen von Lasten eingesetzt werden.

Die Verbindungselemente der Zugketten werden an den geöffneten Spreizerarmen befestigt. Die eine Zugkette wird an einem Festpunkt, die andere an der Last befestigt, wobei beide Zugketten durch Einhaken des Kettengliedes am Verbindungselement auf die wirksame Kettenlänge gekürzt werden. Der Zug erfolgt durch Schließen der Spreizerarme.

Zusätzliche Hinweise zur Sicherheit:
- Auf sicheres Anschlagen der Zugketten ist zu achten.
- Die Zugketten sollen nicht verdreht sein.

12.6 Rettungszylinder

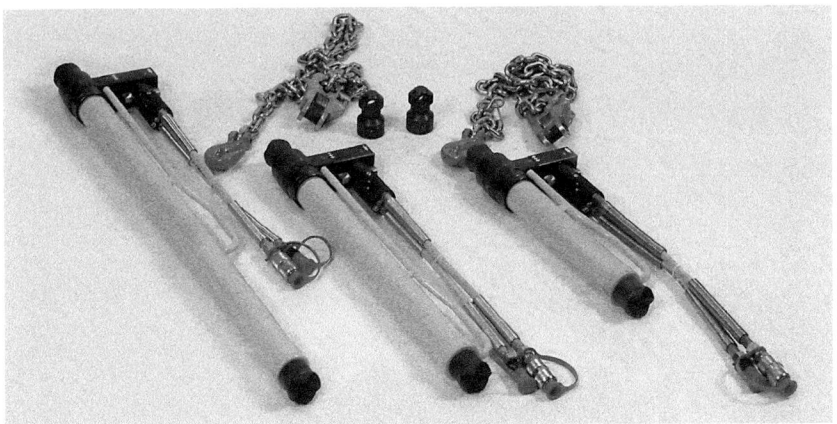

Der Rettungszylinder ist ein hydraulisch betriebenes Gerät zum Bewegen von Lasten durch Druck oder gegebenenfalls auch Zug. Er wird insbesondere zum Retten eingeschlossener oder eingeklemmter Personen verwendet, zum Beispiel Abklappen des Vorderteils eines Kraftfahrzeuges. Er kann auch zum Abstützen und Aussteifen verwendet werden.

Die Hydraulikpumpe wird an der Einsatzstelle so abgestellt, dass für die Hydraulikschläuche genügend Bewegungsfreiheit verbleibt. Die Hydraulikleitungen für Zu- und Rücklauf werden durch Schließen der Steckkupplungen (in gleicher Art und Weise wie beim Spreizer) verbunden.

Hinweise zur Sicherheit:
- Beim Einsatz des Rettungszylinders ist Gesichtsschutz zu verwenden.
- Fuß- und Kopfteil des Rettungszylinders sind sicher an Last und Festpunkt anzusetzen. Der Rettungszylinder darf nicht verkantet sein.
- Zylinderrohr und Kolbenstange sollen nicht auf Biegung beansprucht werden.
- Die Steckkupplungen der Hydraulikschläuche sind gegen Verschmutzung zu schützen. Sie sollen nicht unverbunden und ohne Schutzkappe auf dem Boden abgelegt werden. Ebenfalls sind die Staubschutzkappen der Steckkupplungen gegen Verschmutzung zu schützen, indem sie nach Schließen der Steckkupplung miteinander verbunden werden und die Steckkupplung dann erst abgelegt wird.

Der Rettungszylinder kann, sofern er von der Bauart entsprechend geeignet und ausgerüstet ist, durch Verwendung von zwei Zugketten zum Ziehen von Lasten eingesetzt werden. Die Zugketten werden mit Verbindungselementen am Rettungszylinder befestigt. Ansonsten wird sinngemäß wie beim Einsatz des Spreizers zum Ziehen mit Zugketten verfahren. Der Zug erfolgt durch Einfahren des Hydraulikzylinders.

Zusätzliche Hinweise zur Sicherheit:
- Auf sicheres Anschlagen der Zugketten ist zu achten.
- Die Ketten sollen nicht verdreht sein.

12 Ziehen, Heben, Spreizen und Bewegen von Lasten

12.7 Hebekissensysteme

Die Hebekissensysteme sind pneumatisch betriebene Geräte.

Hebekissensysteme werden aufgrund verschiedener Arbeitsdrücke unterteilt in Hebekissensysteme bis 1 bar und Hebekissensysteme über 1 bar (gebräuchlich 8 bar).

Das Hebekissensystem besteht aus Druckkissen mit Füllschlauch, einer Druckluftflasche mit Druckminderer, einem Luftschlauch zur Verbindung von Druckminderer und Steuerteil und dem Steuerteil mit Kupplungen zum Anschluss für Luftschlauch und Füllschläuche. Vom Steuerteil können ein oder zwei Druckkissen betrieben werden.

Die Druckkissen bis 1 bar sind mit mindestens zwei Vorrichtungen (zum Beispiel Ösen) versehen, an denen sie mit Mehrzweckleinen oder Bindesträngen in Stellung gebracht werden können.

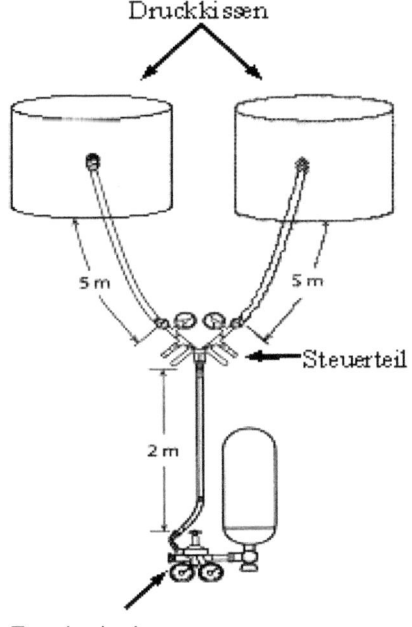

Vor Inbetriebnahme werden die Druckkissen in Stellung gebracht und nötigenfalls befestigt. Die Füllschläuche werden am Steuerteil und der Luftschlauch an Steuerteil und Druckminderer angekuppelt. Die Füllung der Druckkissen wird vom Steuerteil aus reguliert.

Die Druckkissen sind vor scharfen Kanten und Spitzen, die Beschädigungen verursachen können, zu schützen, zum Beispiel durch Auflegen von Brettern oder Bohlen.

Angehobene Lasten sind durch einen geeigneten Unterbau zu sichern.

Hebekissensysteme bis 1 bar

Zur Vergrößerung der wirksamen Auflagefläche und zum Erzeugen einer besseren Standsicherheit während des Hebevorgangs sollten zwei Druckkissen nebeneinander verwendet werden.

12 Ziehen, Heben, Spreizen und Bewegen von Lasten

Hebekissensysteme über 1 bar

Mit zunehmender Hubhöhe verringert sich die Hubkraft des Druckkissens, da sich die Oberfläche wölbt und der Druck nicht mehr auf der gesamten Kissenoberfläche wirksam wird.

Es können zwei Druckkissen gleichzeitig eingesetzt werden, sowohl nebeneinander als auch übereinander.

Beim Einsatz zweier Druckkissen übereinander ist darauf zu achten, dass das kleinere Druckkissen oben liegt und immer das untere Druckkissen zuerst befüllt wird. Es dürfen nicht mehr als zwei Druckkissen übereinander eingesetzt werden.

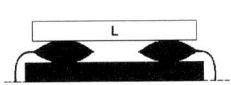 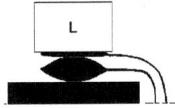 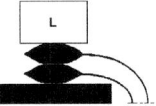

Hinweise zur Sicherheit:
- Beim Einsatz von Druckkissen ist Gesichtsschutz zu verwenden.
- Ein Fallen von Lasten auf gefüllte Druckkissen ist zu vermeiden.
- Die Befestigungseinrichtungen an den Druckkissen dienen nur zum in Stellung bringen und Befestigen, beispielsweise mit Mehrzweckleinen.
- Die Last muss gegen Wegrutschen gesichert sein.
- Druckkissen dürfen nicht an Spitzen, scharfen Kanten oder heißen Teilen angesetzt werden, punktförmige Belastung ist zu vermeiden. Das Druckkissen ist möglichst ganz unter die Last einzuschieben, mindestens müssen jedoch 75 % der Kissenfläche unter der Last liegen.
- Werden zwei Kissen übereinander verwendet, muss die instabile Lage berücksichtigt werden.
- Druckkissen müssen bei Schweiß- und Brennarbeiten und vor aggressiven Stoffen geschützt werden.
- Die Last muss während des Hebens durch Unterbauen gesichert werden.
- Nie unter angehobene aber noch nicht gesicherte Lasten treten.
- Beim Heben nicht vor das eingeschobene Druckkissen stellen.
- Beim Einsatz von Druckkissen sind die Hinweise der Hersteller zu beachten.

12.8 Hydraulische Winde

Die hydraulische Winde dient zum Heben, Senken und Drücken von Lasten, insbesondere zum Anheben. Mit ihr können zum Beispiel unter Lasten eingeklemmte Personen befreit werden. Sie kann auch zum Abstützen von Lasten verwendet werden.

Die Last wird auf die Anhebeklaue oder Kopfplatte aufgesetzt.

Die Winde ist mit einer flachen Fußplatte versehen, die durch eine balligrunde Fußplatte (Zubehör) ausgetauscht werden kann.

Die Fußplatte der Winde wird in der Regel auf eine Fußlagerplatte (Zubehör) und/oder eine Unterlage aus Holz gesetzt, die dem sicheren Stand dient.

Die Last wird durch Betätigen des Handrades am Ablassventil abgelassen.

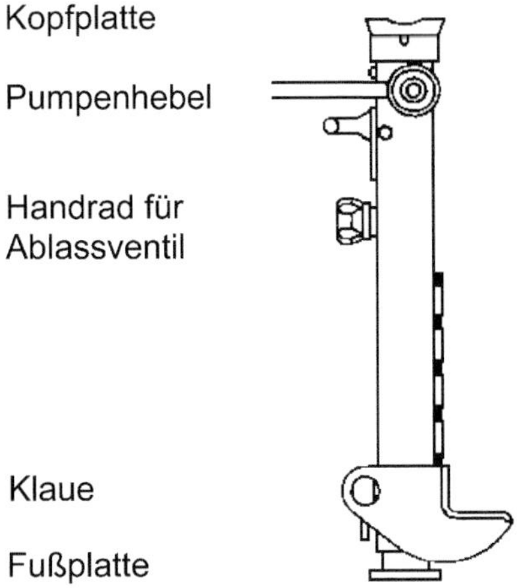

12 Ziehen, Heben, Spreizen und Bewegen von Lasten

Kopfplatte

Pumpenhebel

Handrad für Ablassventil

Klaue

Fußplatte

Zubehör der hydraulischen Winde

Fußplatte balligrund

Fußlagerplatte

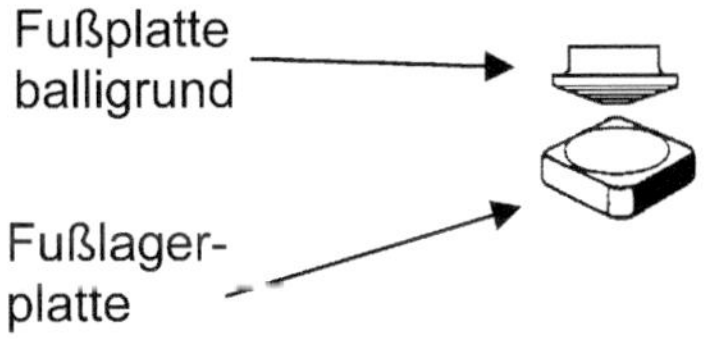

Ein Betrieb der hydraulischen Winde ist in den dargestellten Lagen möglich:

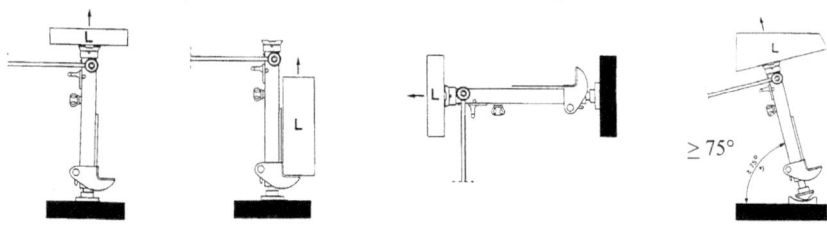

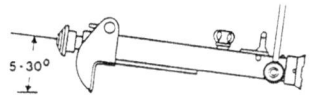

Bei der links abgebildeten Arbeitsstellung kann im Bereich von 5 bis 30° die komplette Hubhöhe nicht erreicht werden, da die Ölmenge nicht voll genutzt werden kann.

12 Ziehen, Heben, Spreizen und Bewegen von Lasten

Hinweise zur Sicherheit:
- Beim Einsatz der hydraulischen Winde ist Gesichtsschutz zu verwenden.
- Die Last muss gegen Wegrutschen gesichert sein.
- Beim Ansetzen der Winde ist auf festen und rutschsicheren Stand der Fußplatte zu achten.
- Unterlagen, auf die die Winde aufgestellt wird, müssen ausreichend breit und bruchsicher sein.
- Die Last auf der Kopfplatte oder der Anhebeklaue muss rutschsicher unterlegt sein.
- Die Winde soll nicht zwischen Auflagefläche und Last verkantet sein. Seitliche Belastung ist nicht zulässig.
- Die Last muss beim Heben durch Unterbauen gesichert werden.
- Der Angriffspunkt an der Last muss ausreichend fest sein.
- Die Winde darf bei Verwendung der balligrunden Fußplatte höchstens bis zu einem Winkel von 75° zur Fußplatte genutzt werden.

12.9 Hydraulischer Hebesatz

Der hydraulische Hebesatz kann zum Heben, Drücken, Abstützen, Schieben und Absenken verwendet werden. Er wird in der Regel dann verwendet, wenn andere Geräte zum Bewegen von Lasten aufgrund der begrenzten Hubkraft nicht mehr einsetzbar sind. Der Hebesatz besteht aus einer oder zwei handbetätigten Hydraulikpumpen, einem Zweiwege-Verteiler mit Regulierventilen und zwei Verlängerungsschläuchen, mehreren Hydraulikzylindern, Verlängerungen, Zubehör (u. a. Druckplatten und Anhebeklauen) und einem Spreizschnabel. Die Hydraulikzylinder haben paarweise gleiche Hubkraft und Hubhöhe.

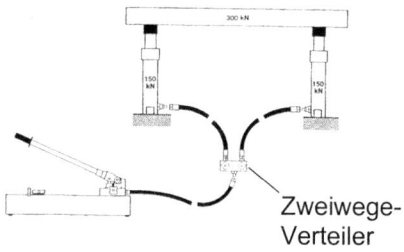

12 Ziehen, Heben, Spreizen und Bewegen von Lasten

Die Druckplatten können als Kopf- und Fußplatten verwendet werden.
Die Hydraulikzylinder werden von der handbetätigten Hydraulikpumpe mit Öldruck versorgt. Über den Zweiwege-Verteiler können gleichzeitig zwei Hydraulikzylinder betrieben werden.
Die Stempel der Hydraulikzylinder können mit Verlängerungsrohren verlängert werden. Die maximale Länge nach Angaben des Herstellers ist zu beachten.
Die Hydraulikzylinder können, wenn der Zwischenraum zwischen Auflagefläche und Last nicht ausreicht, mit Anhebeklaue seitlich an die Last angesetzt werden.
Der Hubvorgang wird über die Regulierventile des Zweiwege-Verteilers gesteuert. Der Zweiwege-Verteiler ist deshalb immer in die Hydraulikleitung einzubauen.

Lasten, die auf einer Fläche so aufliegen, dass das Ansetzen von Hydraulikzylindern oder anderen Geräten zum Heben von Lasten nicht möglich ist, können gegebenenfalls mit dem Spreizschnabel soweit angehoben wer-

den, dass ein Zwischenraum entsteht, der den Einsatz von Hydraulikzylindern mit Anhebeklaue oder die Verwendung anderer Geräte zum Heben von Lasten ermöglicht.

Hinweise zur Sicherheit:
- Beim Einsatz der Hydraulikzylinder oder des Spreizschnabels ist Gesichtsschutz zu verwenden.
- Die Last ist gegen Wegrutschen zu sichern.
- Die Hydraulikzylinder sind standfest und rutschsicher aufzustellen. Unterlagen müssen ausreichend breit und bruchsicher sein.
- Die Last auf dem Kopf des Hydraulikzylinders, der Druckplatte oder der Anhebeklaue muss rutschsicher unterlegt sein.
- Die Hydraulikzylinder sollen nicht zwischen Auflagefläche und Last verkantet sein. Seitliche Belastung ist nicht zulässig.
- Die Last muss beim Heben durch Unterbauen gesichert werden.
- Die Steckkupplungen der Hydraulikschläuche sind gegen Verschmutzung zu schützen. Sie sollen nicht unverbunden und ohne Staubschutz-

kappe auf dem Boden abgelegt werden. Ebenfalls sind die Staubschutzkappen der Steckkupplungen gegen Verschmutzung zu schützen, indem sie nach Schließen der Steckkupplung miteinander verbunden werden und die Steckkupplung dann erst abgelegt wird.

13 Trennen

13.1 Kappmesser und Gurtmesser

Kappmesser und Gurtmesser werden verwendet zum Trennen von Gurten, zum Beispiel von Sicherheitsgurten in Kraftfahrzeugen, zum Trennen von Leinen oder Bindesträngen und zum Öffnen und Entfernen von Polstern oder Verkleidungen.

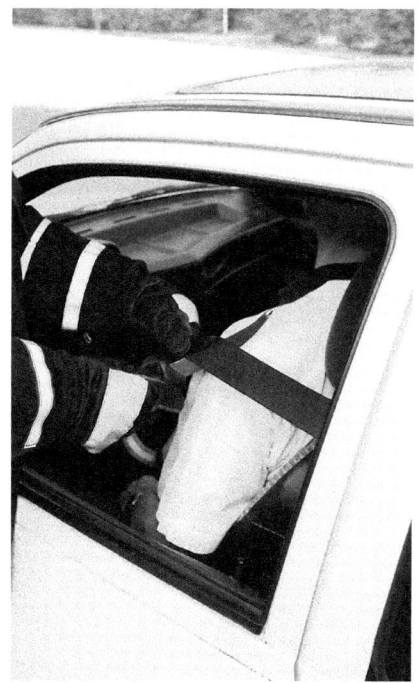

13.2 Holzaxt

Die Holzaxt dient zum Spalten, Entasten und Kantenbrechen von Holz, zum Fällen von Bäumen und Anspitzen von Pfählen.

13 Trennen

Hinweise zur Sicherheit:
- Die Axt darf nicht als Spaltkeil, Hammer oder Hebel verwendet werden.
- Keine Rundschläge ausführen.
- Kontrolle des festen Sitzes der Axtköpfe auf dem Stiel.

13.3 Bolzenschneider

Der Bolzenschneider für Rundmaterial bis 12 mm Durchmesser dient zum Trennen von Metallstäben, Zäunen, Drähten u. a.

Hinweise zur Sicherheit:
- Beim Einsatz des Bolzenschneiders ist Gesichtsschutz zu verwenden.
- Es dürfen keine unter Spannung stehenden elektrischen Leitungen getrennt werden.
- Der Bolzenschneider soll nicht an gehärteten Metallstücken eingesetzt werden.

- Zug- und Druckspannung sind zu beachten.
- Vor dem Abtrennen von freistehenden Enden sind diese gegen Wegschnellen zu sichern.

13.4 Motorkettensäge

Die Motorkettensäge ist ein Arbeitsgerät zum Trennen und Schneiden von Holz sowie zum Fällen von Bäumen.

Bei Inbetriebnahme der Motorkettensäge sind folgende Anweisungen zu beachten:

- Füllstand vom Kraftstoff- und Kettenschmierölbehälter prüfen!
- Beim Tanken Zündquellen vermeiden!
- Kettenspannung und Kettenschärfe prüfen!
- Kette nicht bei laufendem Motor nachspannen, zur Prüfung der Kettenspannung Motor abstellen, Schutzhandschuhe benutzen!

13 Trennen

- Motorkettensäge beim Starten auf dem Boden sicher abstützen und festhalten! Die Führungsschiene muss freistehen. Die Kette darf keine Berührung mit anderen Gegenständen haben.
- Funktion der Kettenbremse kontrollieren!
- Vor Beginn der Sägearbeit Kettenschmierung überprüfen!

Hinweise zur Sicherheit:
- Arbeiten mit Motorkettensägen dürfen nur von speziell ausgebildeten Personen durchgeführt werden.
- Beim Einsatz der Motorkettensäge ist Gesichtsschutz zu verwenden und es ist Schnittschutzkleidung (Beinlinge oder Schnittschutzhose mit rundumlaufenden Schnittschutzeinlagen) zu tragen.
- Bei Arbeiten mit der Motorkettensäge muss grundsätzlich Gehörschutz getragen werden.
- Beim Sägen ist auf sicheren Stand zu achten. Der Einsatz der Motorkettensäge von tragbaren Leitern aus ist nicht zulässig.
- Im Wirkungsbereich der Motorkettensäge dürfen sich keine anderen Personen aufhalten. Beim Einsatz der Motorkettensäge vom Rettungskorb der Drehleiter aus soll sich nur der Sägenführer im Korb aufhalten.
- Vom Rettungskorb aus sollen nur Motorsägen bis zu 6,5 kg Gesamtgewicht und einer Schienenlänge von bis zu 40 Zentimetern eingesetzt werden.
- Säge immer mit beiden Händen halten.
- Mit laufender Säge nicht rückwärts gehen.
- Nicht über Schulterhöhe sägen.
- Bei Standortwechsel stets Kettenbremse einlegen.
- Zug- und Druckspannungen beim Sägen beachten.

Anmerkung:
Anstelle eines Feuerwehrhelms mit Gesichtsschutz kann auch ein zugelassener Schutzhelm für Forstarbeiten (mit integriertem Gesichts- und Gehörschutz) getragen werden.

13.5 Trennschleifmaschine

Die Trennschleifmaschine wird zum Trennen von Metallteilen und von Gestein verwendet. Der Antrieb erfolgt durch Elektro- oder Verbrennungsmotor.

Vor Inbetriebnahme der Trennschleifmaschine ist die für den Einsatz erforderliche Trennscheibe für Metall oder Stein einzusetzen.

13 Trennen

Hinweise zur Sicherheit:
- Beim Einsatz der Trennschleifmaschine ist die Schutzbrille (Korbbrille) zu tragen.
- Die Trennscheiben müssen für die zu erreichenden Umfangsgeschwindigkeiten zugelassen sein.
- Der Handschutz an der Trennschleifmaschine darf, auch zum Zweck besserer Handhabung des Geräts, nicht entfernt werden.
- Die Trennschleifmaschine ist immer mit beiden Händen festzuhalten, auf festen Stand ist zu achten.
- Vor Gebrauch Trennscheibe auf Schäden kontrollieren.
- Nicht über Schulterhöhe schleifen.
- Die Trennschleifmaschine soll erst nach Erreichen der Betriebsdrehzahl an der Schnittstelle angesetzt werden.
- Die Trennrichtung soll nach dem Ansetzen nicht mehr verändert werden.
- Die Schnitttiefe soll maximal ein Drittel des Scheibenradius betragen.
- Standortwechsel erst nach Stillstand des Geräts durchführen.
- Die Trennschleifmaschine darf nicht in explosionsgefährdeten Bereichen verwendet werden.
- Leicht entzündliche Stoffe im Wirkbereich von Trennfunken können zur Zündung gebracht werden. In der Regel sind Löschmittel bereitzuhalten.
- Wenn mit dem Freiwerden von Atemgiften zu rechnen ist, muss geeigneter Atemschutz getragen werden.
- Personen im Wirkungsbereich von Trennfunken müssen geschützt werden.
- Sofern das Gerät vorübergehend nicht benutzt wird und vor dem Wechseln der Trennscheibe ist bei elektrisch betriebenen Geräten der Netzstecker zu ziehen.

13.6 Schneidgerät

Das Schneidgerät ist ein hydraulisch betriebenes Gerät zum Retten eingeschlossener oder eingeklemmter Personen. Es dient insbesondere zum Trennen von Teilen aus Metall, wie beispielsweise von Türpfosten und Dachholmen an Kraftfahrzeugen. Mit dem Schneidgerät dürfen keine gehärteten Metallstücke, wie Lenksäulen, Achsen oder Maschinenteile, getrennt werden.

13 Trennen

Schneidgerät mit handbetriebener Hydraulikpumpe

Das Schneidgerät, die handbetriebene Hydraulikpumpe und das Zubehör werden mit dem Transportkasten an der Einsatzstelle bereitgestellt. Die an dem Schneidgerät und an der handgetriebenen Hydraulikpumpe befindlichen Hydraulikschläuche werden durch Schließen der Steckkupplungen verbunden. Das Gerät ist damit betriebsbereit.

Schneidgerät mit motorgetriebener Hydraulikpumpe

Die motorgetriebene Hydraulikpumpe wird an der Einsatzstelle so abgestellt, dass für die Hydraulikschläuche genügend Bewegungsfreiheit verbleibt. Das Schneidgerät wird durch das Schließen der Steckkupplungen mit der Hydraulikpumpe verbunden.

13 Trennen

Zwischen der motorgetriebenen Hydraulikpumpe mit Elektroantrieb und dem Stromerzeuger wird eine Leitungsverbindung (Stromversorgung) aufgebaut und die Hydraulikpumpe an diese Leitung angeschlossen. Nach Inbetriebnahme des Stromerzeugers ist das Gerät damit einsatzbereit.

Hinweise zur Sicherheit:
- Beim Einsatz des Schneidgeräts ist Gesichtsschutz zu verwenden.
- Das Schneidgerät darf nicht an gehärteten Metallstücken eingesetzt werden.

13 Trennen

- Die Steckkupplungen der Hydraulikschläuche sind gegen Verschmutzung zu schützen. Sie dürfen nicht unverbunden und ohne Staubschutzkappe auf dem Boden abgelegt werden. Ebenfalls sind die Staubschutzkappen der Steckkupplungen gegen Verschmutzung zu schützen, indem sie nach Schließen der Steckkupplung miteinander verbunden werden und die Steckkupplung dann erst abgelegt wird.
- Vor dem Abtrennen von freistehenden Enden sind diese gegen Wegschnellen zu sichern.
- Immer rechtwinklig ansetzen und nicht verkanten.

13.7 Brennschneidgerät

Das Brennschneidgerät dient zum Trennen von Stahlteilen. Es können auch gehärtete Stahlteile getrennt werden.

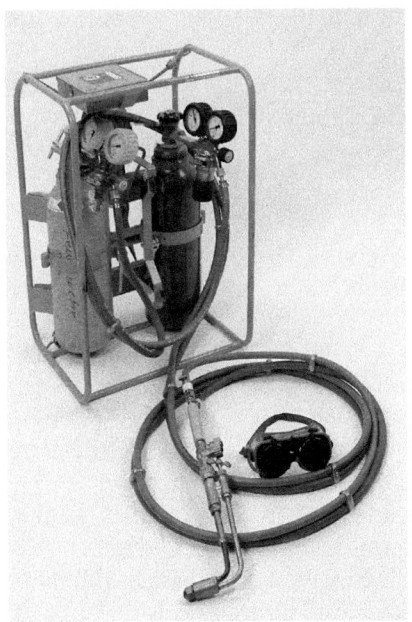

Das Brennschneidgerät besteht aus Tragegestell, Sauerstoff-Flasche und Acetylen-Flasche mit Druckminderer, Schneidbrenner mit Schneiddüse, einem Satz Gasschläuche für Sauerstoff und Acetylen sowie Zubehör. Als Reserve werden zwei Sauerstoff-Flaschen und eine Acetylen-Flasche mitgeführt.

Vor Benutzung des Gerätes ist eine Schneiddüse, die der Dicke des zu schneidenden Materials entspricht, auszuwählen und an den Brenner anzuschließen.

Vorbereitung der Inbetriebnahme, Einstellen des erforderlichen Betriebszustandes und Außerbetriebnahme sind nach den Anweisungen des Herstellers durchzuführen. Bei Brennschneidarbeiten muss mit der Entzündung brennbarer Stoffe gerechnet werden.

Hinweise zur Sicherheit:
- Bei Einsatz des Brennschneidgeräts ist eine spezielle Schutzbrille für Brennschneidarbeiten, die als Zubehör mitgeführt wird, zu verwenden.
- Schneidflamme nur mit zugelassenem Gerät entzünden! Kein Feuerzeug verwenden.
- Die allgemeinen Sicherheitsregeln für den Umgang mit Sauerstoff und Acetylen sind zu beachten.
- Das Gerät und Reserveflaschen sind mindestens drei Meter von der Arbeitsstelle entfernt aufzustellen.
- Die Gasschläuche sind gegen Beschädigungen zu schützen.
- Brennschneidarbeiten dürfen nicht in explosionsgefährdeten Bereichen durchgeführt werden.
- Leicht entzündliche Stoffe im Wirkbereich der Schneidfunken und des heißen Gasstrahls können zur Zündung gebracht werden.
- Grundsätzlich sind bei Brennschneidarbeiten Löschgeräte mit geeigneten Löschmitteln bereitzuhalten.
- Personen im Wirkbereich von Schneidfunken und heißen Gasen müssen zum Beispiel durch Abdecken geschützt werden.
- Bei Brennschneidarbeiten in geschlossenen Räumen muss für ausreichende Belüftung mit Umluft gesorgt werden.
- Bei Gefahr durch Atemgifte (zum Beispiel Dämpfe von Farbanstrichen) ist geeigneter Atemschutz zu tragen.

13 Trennen

13.8 Plasmaschneidgerät

Das Plasmaschneidgerät dient zum Trennen von metallischen leitfähigen Stoffen. Die durch den Brenner strömende Luft wird ionisiert. Der so gebildete Plasmastrahl hat eine sehr hohe Energiedichte und mit 10 000–20 000 °C eine sehr hohe Temperatur, wodurch der metallische Werkstoff geschmolzen und aus der Schnittfuge heraus getrieben wird.

Das Plasmaschneidgerät besteht aus Stromquelle, Handbrenner mit Zuleitungen, Masseanschluss sowie Druckluftversorgung (in der Regel Druckluftflasche mit 300 bar und Druckminderer). Zur Inbetriebnahme muss das Gerät an einen Stromanschluss angeschlossen werden.

Zum Betrieb des Plasmaschneidgeräts ist eine ausreichend starke Stromversorgung (mindestens 8 kVA) sicherzustellen. Die Hinweise und Gebrauchsanleitungen der Hersteller sind zu beachten.

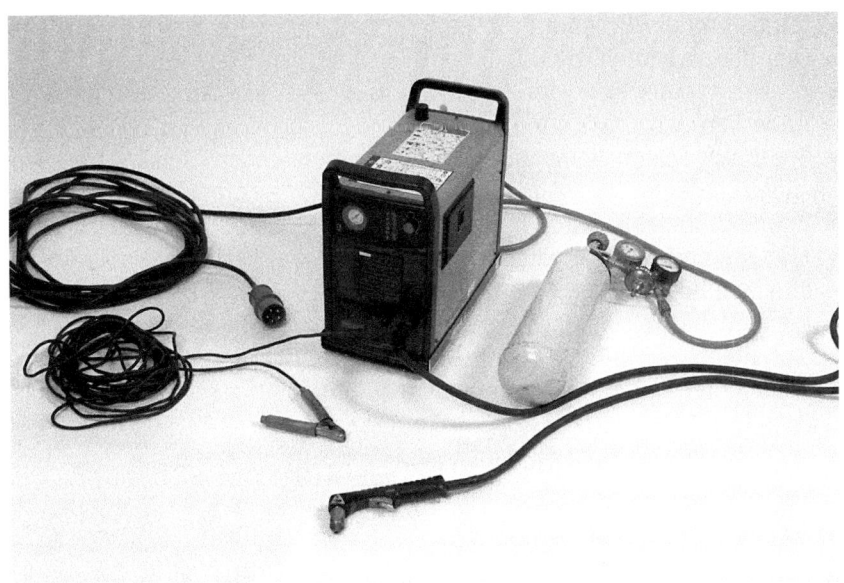

Hinweise zur Sicherheit:
- Zum Schutz vor UV-Strahlung, Funkenflug und heißem Metall vollständige Feuerwehrschutzkleidung, Feuerwehrschutzhandschuhe (Leder), Feuerwehrsicherheitsschuhwerk und Feuerwehrhelm tragen. Das Tragen einer Lederschürze wird empfohlen.
- Zum Schutz der Augen vor starker sichtbarer und unsichtbarer (ultravioletter und infraroter) Strahlung Schweißerschutzbrille tragen.
- Andere anwesende Personen warnen, nicht in den Lichtbogen zu schauen.
- Das Einatmen von Schneidrauch ist gesundheitsschädlich, Kopf von Dämpfen fernhalten; bei Gefahr durch Atemgifte geeigneten Atemschutz tragen.
- Beim Plasmaschneiden in Innenräumen für eine ausreichende Belüftung mit Umluft sorgen.
- Vor dem Schneiden jegliche Brennstoffe, wie z. B. Feuerzeuge oder Streichhölzer, aus den Taschen entfernen.
- Hände von der Brennerspitze entfernt halten (Verbrennungsgefahr).
- Den Plasmaschneidstrahl nicht auf Personen und Tiere richten.
- Personen in der Nähe des Plasmastrahls müssen geschützt werden (z. B. Abdecken).
- Brennbare Materialien in der Nähe der zu trennenden Metalle entfernen oder abdecken.
- Brandschutz, z. B. durch Bereitstellen von Pulverlöschern, sicherstellen.
- Plasmaschneidarbeiten dürfen nicht in explosionsgefährdeten Bereichen durchgeführt werden.
- Keine Behälter schneiden, die möglicherweise brennbare Materialien enthalten – sie müssen zuerst entleert und gereinigt werden.
- Keine unter Druck stehenden Zylinder, Rohre oder geschlossenen Behälter schneiden.
- Nicht isolierte Teile des Brenners, des Werkstückes sowie alle damit verbundenen Teile (elektrisch verbunden) nicht berühren.

14 Abstützen

14.1 Abstützen von Lasten bei Hebevorgängen

Bei Hebevorgängen muss die Last während des Anhebens und späteren Absenkens durch Unterbauen gegen Abrutschen und Ausweichen gesichert werden. Das Unterbauen ist mit geeignetem Unterbaumaterial durchzuführen (Kantenhölzer, Holzplatten, Formholz, Holzkeile, Kunststoffkeile, Kunststoffplatten u. a.).

Der Aufenthalt von Personen unter nicht gesicherten Lasten ist nicht zulässig. Die Last muss vorher durch Unterbauen oder Abstützen gesichert werden.

Es ist darauf zu achten, dass die Stützkonstruktion nicht wegrutschen oder ausbrechen kann.

14.2 Senkrechte und waagerechte Abstützungen

Auf Rüstwagen werden Stützen aus Stahlrohr mitgeführt. Sie sind innerhalb bestimmter Maße verstellbar und können so der jeweils erforderlichen Länge angepasst werden. Sie können zum Aussteifen von Gräben und Abstützen von einsturzgefährdeten Bauteilen (z. B. Decken) verwendet werden. Zur Lastverteilung bei vertikaler Abstützung ist die Stütze auf ein Brett oder Kantholz zu stellen und am Kopf ebenfalls ein Kantholz anzubringen. Die Stütze ist gegen Umfallen zu sichern (z. B. durch Annageln zum oberen und unteren Kantholz, Verkeilen u. a.).

Die erforderliche Anzahl der Stützen ist von deren Tragfähigkeit und der zu stützenden Last sowie der Stützhöhe abhängig.

14 Abstützen

Stehen Stahlrohrstützen nicht zur Verfügung, werden Rundholzstützen (Stempel) bzw. Kanthölzer mit entsprechenden Querschnitten verwendet, die auf entsprechende Länge geschnitten werden. Die Stützen werden durch Antreiben von zwei Hartholzkeilen am Fuß der Stütze festgesetzt. Der Kopf der Stütze wird am horizontalen Kantholz mit Bauklammern oder kurzen Brettern als Lasche befestigt.

Hinweise zur Sicherheit:
- Die zulässige Belastung der Stützen sollen nicht überschritten werden.
- Stützen müssen gegen Umfallen und Kippen gesichert werden.
- Beim Tragen der Stahlrohrstützen darauf achten, dass das Innenteil nicht herausfällt.

15 Transportieren von Verletzten

15.1 Krankentrage

Die Krankentrage dient zum Transportieren von Verletzten oder nicht gehfähigen Personen.

Die Krankentrage wird einsatzbereit gemacht und zusammen mit der Krankenhausdecke bereitgestellt.

Die verletzte Person ist unter Anwendung der Regeln der Ersten Hilfe auf der Krankentrage zu lagern. Vor dem Transportieren sind die Anschnallgurte zu schließen und die Tragholme herauszuziehen. Beim Retten aus Höhen und Tiefen mit der Krankentrage wird die Person zusätzlich mittels einer Feuerwehrleine auf der Trage fest eingebunden.

Getragen wird in der Regel in Blickrichtung der verletzten beziehungsweise nicht gehfähigen Person. Der Truppführer, der am Kopfende der Trage steht, gibt Anweisungen zum gleichmäßigen Anheben, Tragen und Absetzen.

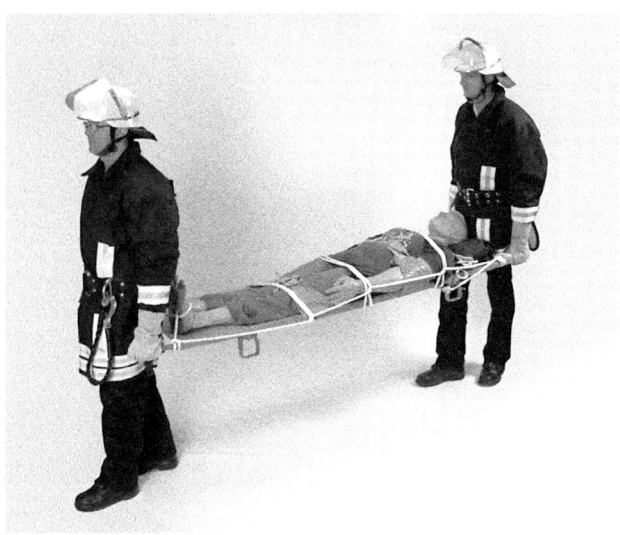

15 Transportieren von Verletzten

15.2 Rettungstuch

Das Rettungstuch dient dem behelfsmäßigen Transportieren von Verletzten oder nicht gehfähigen Personen, insbesondere bei ungünstigen räumlichen Verhältnissen. Es ist von mindestens drei Feuerwehrangehörigen zu tragen.

Verletzungen des Beckens und der Wirbelsäule oder andere schwerwiegende Verletzungen können die Verwendung des Rettungstuches ausschließen.

Das Rettungstuch kann durch Einschieben von Latten oder Stangen in die durchgehenden Seitentaschen stabilisiert werden. Es wird dann in gleicher Art und Weise verwendet wie die Krankentrage.

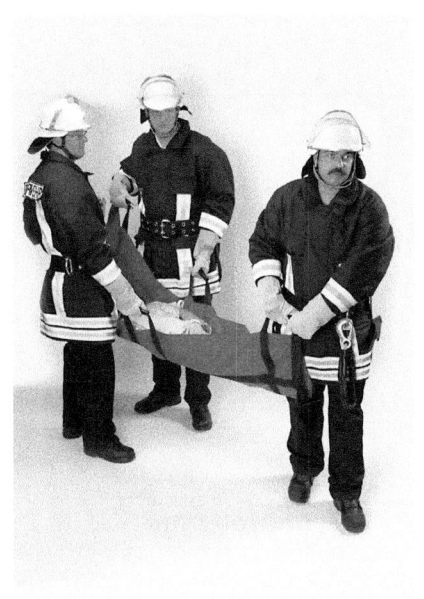

15.3 Schleifkorbtrage

Die Schleifkorbtrage wird dort eingesetzt, wo herkömmliche Krankentragen schwierig einsetzbar sind. Die Korbtrage kann waagerecht und senkrecht benutzt werden. Durch die stabile Bauweise kann der Korb als Schleifkorb oder aber auch als Abseilkorb benutzt werden. Vier große metallverstärkte Ringe zum Einhaken von Karabinern sind in den Seiten eingearbeitet (siehe Pfeile). Die Innenseite ist mit einer Matte ausgelegt, die Stöße abfängt und mildert. Standardmäßig ist eine verstellbare Fußstütze vorhanden. Zum Weitertransport kann die Schleifkorbtrage auf jede herkömmliche Krankentrage gelagert werden, wodurch ein Umlagern nicht nötig ist.

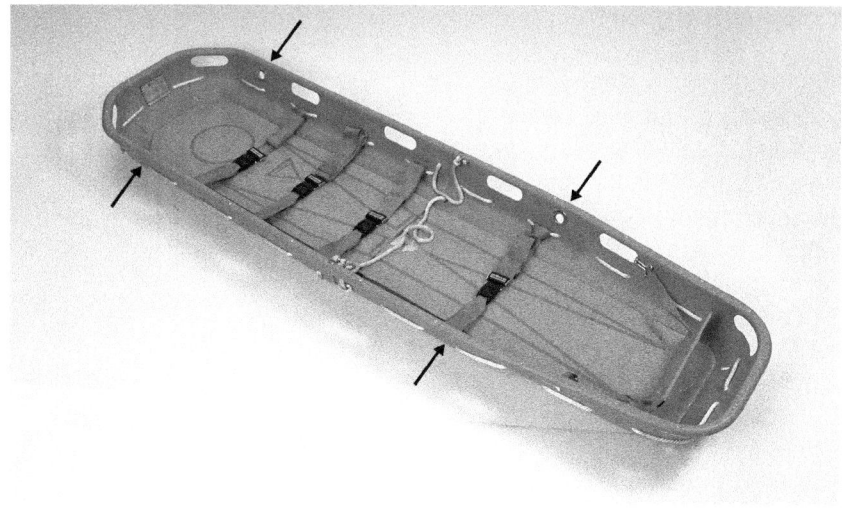

15.4 Schaufeltrage

Die Schaufeltrage dient zum schonenden und sicheren Aufheben und Umlagern von Verletzten. Die beiden Schaufelteile werden geöffnet, seitlich unter den Verletzten geschoben und wieder geschlossen. Der Verletzte kann nun vorsichtig angehoben und umgelagert werden. Die Verwendung der Schaufeltrage ist insbesondere beim Verdacht auf Wirbelsäulenverletzungen empfehlenswert.

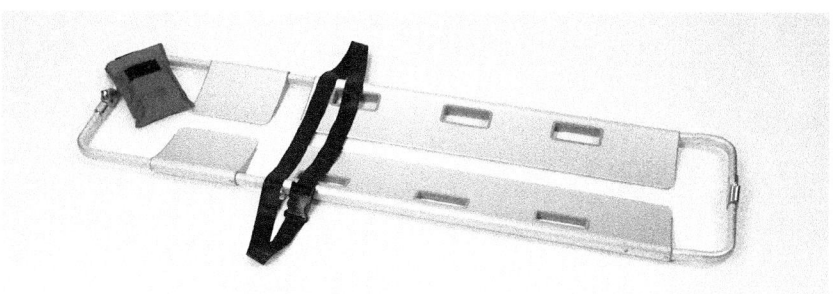

16 Leinen und Seile

16.1 Handhabung von Leinen und Seilen

Im Feuerwehrdienst werden Feuerwehrleinen, Mehrzweckleinen und Kernmantelseile verwendet.

Die **Feuerwehrleine** dient als Rettungs-, Sicherungs- und Signalleine sowie sonstigen unmittelbar mit dem Einsatz in Zusammenhang stehenden Zwecken.

Die **Mehrzweckleine** ist eine rot eingefärbte Leine, die z. B. als Ventilleine, Absperrleine oder Bindeleine verwendet wird.

Kernmantelseile werden bei der Sicherung in absturzgefährdeten Bereichen verwendet. Bei dieser Tätigkeit kommen nur Dynamikseile zur Anwendung.

Feuerwehrleine

Mehrzweckleine

Kernmantel-Dynamikseil

16.2 Knoten, Stiche und Brustbund

Knoten und Stiche werden zur Herstellung von Leinen- und Seilverbindungen als Befestigungsknoten, als Verbindungsknoten und als Bremsknoten verwendet.

Zum Binden von Knoten können die Schutzhandschuhe ausgezogen werden.

Halbschlag

Der Halbschlag dient z. B. zum Führen von Geräten beim Hochziehen sowie bei der Einbindung von Personen auf Krankentragen.

Doppelter Ankerstich

Der doppelte Ankerstich dient u. a. zum Befestigen von Geräten beim Hochziehen.

Halbschlag

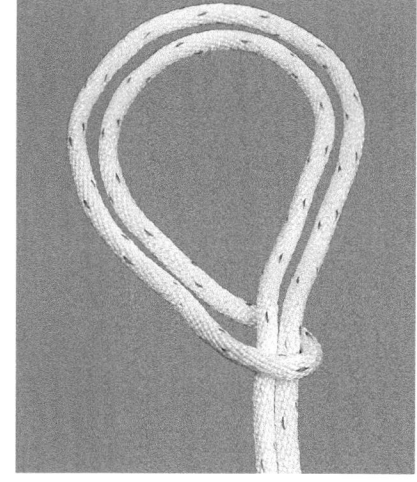
Doppelter Ankerstich

16 Leinen und Seile

Zimmermannsschlag

Zimmermannsschlag

Der Zimmermannsschlag ist ein Befestigungsknoten.
Er dient z. B. zum Anbringen von Sicherungsleinen (Atemschutztrupp) und zum Hochziehen von Gegenständen.

Spierenstich

Der Spierenstich dient zur Sicherung von Knoten.

Spierenstich

Mastwurf

Der Mastwurf ist ein Befestigungsknoten. Er dient zum Anschlagen, beim Selbstretten, zum Halten und zum Auffangen.

Ein Mastwurf kann gelegt oder gebunden werden.

Weiterhin wird er u. a. verwendet zum Befestigen beim Hochziehen von Geräten, zum Befestigen der Halteleine am vorgesehenen Anschlagpunkt und zum Befestigen des Auszugseils der Schiebleiter.

Der Mastwurf ist generell durch einen Spierenstich zu sichern.

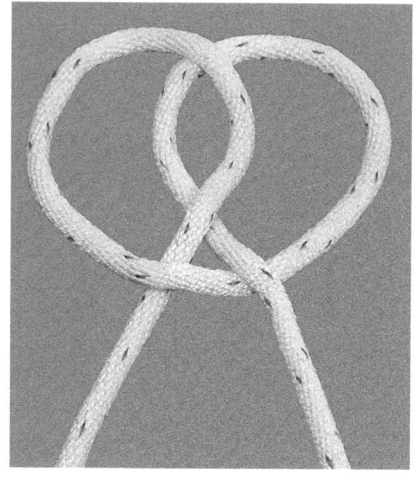

Mastwurf

Mastwurf legen

Zwei Halbschläge zum Mastwurf legen.

... Mastwurf überschieben, festziehen und durch Spierenstich sichern.

16 Leinen und Seile

Mastwurf binden

1. Phase

2. Phase

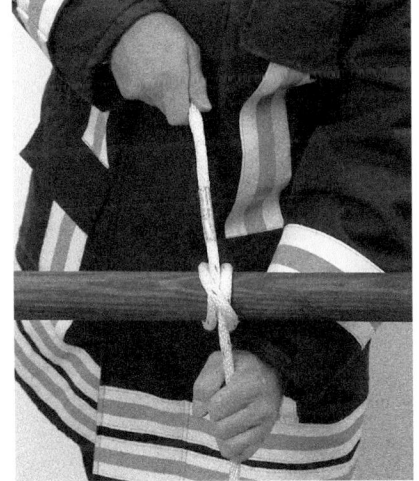

3. Phase

4. Phase
Sicherung durch Spierenstich

Achterknoten

Der Achterknoten ist ein Verbindungs- und Befestigungsknoten. Er dient vorrangig zur Einbindung im Auffanggurt beim Halten und Auffangen sowie als Befestigungspunkt am Ende der Feuerwehrleine bzw. des Dynamikseils. Der Achterknoten kann gestochen und gebunden werden.

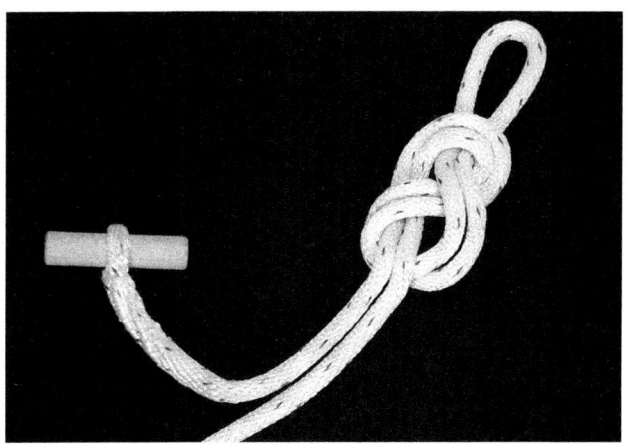

Achterknoten

Phasen des Einbindens mit einem Achterknoten

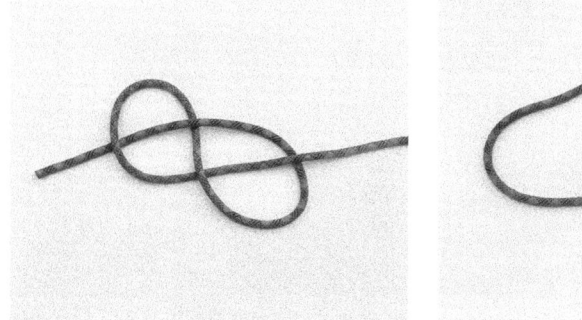

1. Phase

2. Phase

16 Leinen und Seile

3. Phase

4. Phase

5. Phase

6. Phase

Sicherung mit Spierenstich

Schotenstich

Der einfache Schotenstich dient zum Verbinden zweier Leinen.

Schotenstich

Der Schotenstich mit Aufziehschlaufe kann unter Belastung durch Aufziehen der Schlaufe sofort gelöst werden.

Der Schotenstich darf nicht zur Personensicherung und Personenrettung eingesetzt werden.

16 Leinen und Seile

Halbmastwurf

Der Halbmastwurf dient bei Verwendung einer Feuerwehrleine als Bremsknoten beim Selbstretten und zum Halten.

Brustbund

Die Feuerwehrleine wird der zu haltenden Person um den Nacken gelegt und so nach vorn geführt, dass das freie Leinenende den Boden berührt. Beide Enden werden unter den Armen zum Rücken geführt, dort verschlungen (gekreuzt) und wieder nach vorn geführt.

 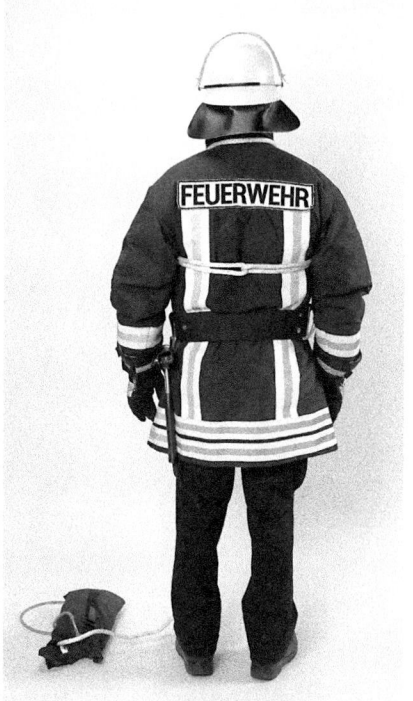

Feuerwehrleine um den Nacken legen.

Brustbund – Rückenansicht.

Pfahlstich

Der Brustbund wird durch einen Pfahlstich über der Brust straff sitzend geschlossen und durch einen Spierenstich gesichert.

16 Leinen und Seile

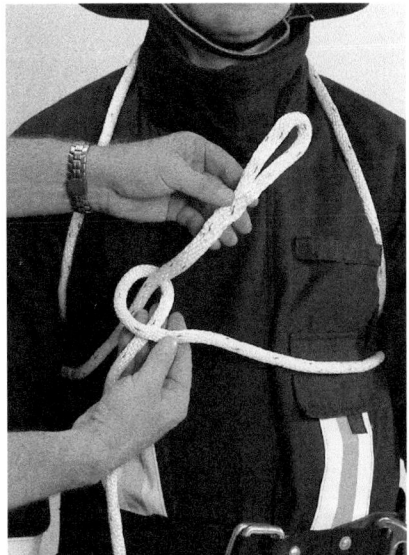

1. Phase – Pfahlstich

2. Phase – Pfahlstich

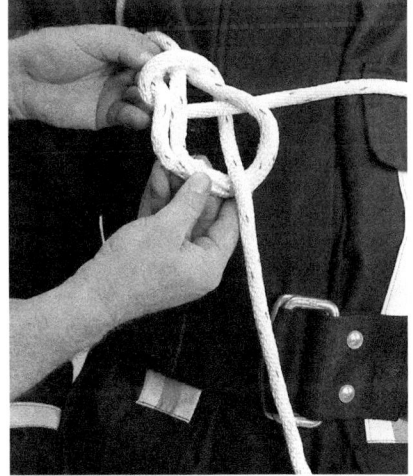

3. Phase – Pfahlstich

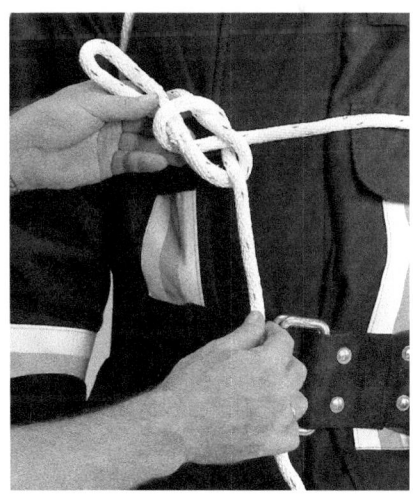

4. Phase – Pfahlstich

16 Leinen und Seile

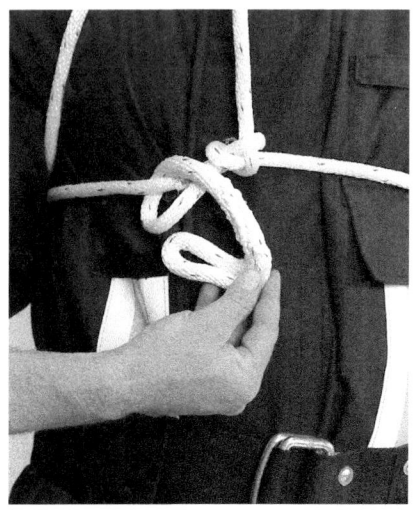

1. Phase Spierenstich

2. Phase Spierenstich

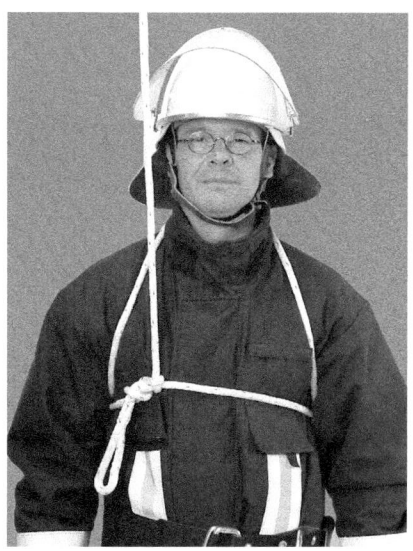

Gesamtansicht Brustbund

16 Leinen und Seile

16.3 Befestigung und Hochziehen von Geräten

Befestigen und Hochziehen am Beispiel der Feuerwehraxt

Verwendet werden Mastwurf und Halbschlag. Anstelle des Mastwurfs kann auch der doppelte Ankerstich angewendet werden.

Das Abhalten vom Gebäude erfolgt mit dem freien Ende der Feuerwehrleine.

Befestigen und Hochziehen von Strahlrohr und Schlauch

Verwendet werden Mastwurf und Halbschlag. Das Abhalten vom Gebäude erfolgt hier mit dem Schlauch.

Das Befestigen und Hochziehen anderer Geräte erfolgt sinngemäß.

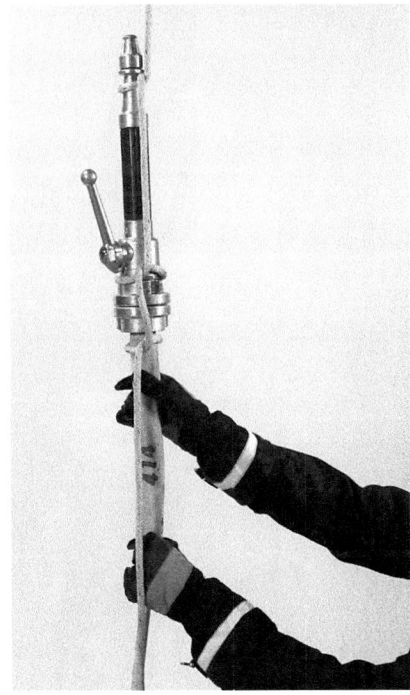

16.4 Einlegen der Feuerwehrleine in den Feuerwehrleinenbeutel

Die Feuerwehrleine ist so in den Feuerwehrleinenbeutel einzulegen, dass sie im Einsatzfall frei ablaufen kann. Eine Hand hält den Feuerwehrleinenbeutel, die Feuerwehrleine läuft durch die Hand. Die andere Hand legt die Feuerwehrleine ein.

Eine Sichtprüfung der Feuerwehrleine kann mit dem Einlegen in den Feuerwehrleinenbeutel kombiniert werden. In diesem Fall werden keine Handschuhe getragen.

16 Leinen und Seile 127

16.5 Einlegen des Kernmantel-Dynamikseils in ein Transportbehältnis

Das Kernmantel-Dynamikseil ist so in den Seilsack einzulegen, dass es im Einsatzfall frei ablaufen kann.

Das zuerst eingelegte Ende wird am Seilsack z. B. durch einen Mastwurf befestigt. Danach erfolgt das Einlegen des Kernmantel-Dynamikseils. Der einfache Achterknoten wird zweckmäßigerweise in das freie Seilende eingebunden und obenauf gelegt.

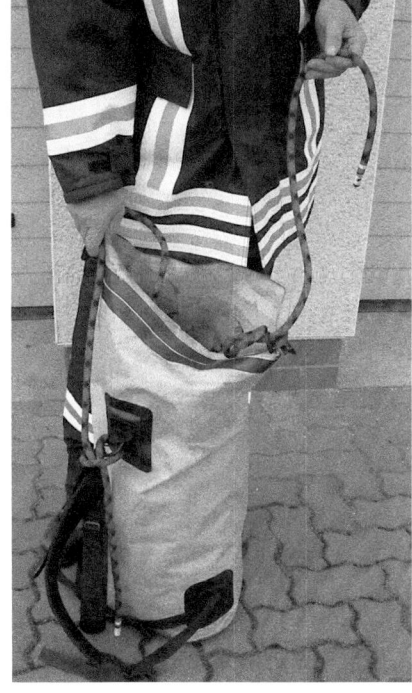

17 Sichern in absturzgefährdeten Bereichen

17.1 Halten

Halten ist das Sichern von gefährdeten Personen und Einsatzkräften mit dem Ziel, einen Absturz auszuschließen. Der Begriff des Haltens beschreibt nur solche Situationen, bei denen ein Kernmantel-Dynamikseil bzw. eine Feuerwehrleine zur Sicherung oberhalb des zu Haltenden geführt wird. Das heißt, die gesicherte Person wird beim Abrutschen von der Standfläche sofort von Auffanggurt und Kernmantel-Dynamikseil bzw. Feuerwehr-Haltegurt und Feuerwehrleine so von oben gehalten, dass sie nicht abstürzen oder weiterrutschen kann. Dabei ist darauf zu achten, dass die Feuerwehrleine bzw. das Kernmantel-Dynamikseil immer straff auf Zug gehalten wird. Der Haltende darf sich nicht im absturzgefährdeten Bereich befinden.

Eine weitere Form des Haltens ist das Rückhalten von Personen. Es dient der Einschränkung des Bewegungsraumes der zu sichernden Einsatzkraft. Ein Absturz wird ausgeschlossen, wenn verhindert wird, dass der Gesicherte die Absturzkante erreicht.

Einsatzbeispiele sind Tätigkeiten auf Böschungen, Leitern und Flachdächern.

Ein freies Hängen in der Feuerwehrleine ist nicht zulässig. Die einzige Ausnahme besteht beim Selbstretten.

Geräte zum Halten sind:
- alle Geräte, die zum Auffangen verwendet werden (Anwendung siehe Kapitel 17.2).

Stehen diese Geräte nicht zur Verfügung, so können auch

- der Feuerwehr-Haltegurt und
- die Feuerwehrleine

eingesetzt werden.

17 Sichern in absturzgefährdeten Bereichen

17.1.1 Halten mit Feuerwehrleine

Beim Halten mit der Feuerwehrleine wird die zu haltende Person mit einem Brustbund (siehe Kapitel 16.2) in die Feuerwehrleine eingebunden.

Die zu haltende Person befindet sich unterhalb der Führung der Feuerwehrleine.

Die Selbstsicherung und die Halbmastwurfsicherung (HMS) müssen sich gemeinsam in einer Halteöse des Feuerwehr-Haltegurtes befinden. Nur so ist der Haltende nicht direkt in die Sicherungskette integriert. Er kann sich ohne fremde Hilfe befreien bzw. die Person ablassen, falls die Sicherung beansprucht wird.

Um einen sicheren Stand des haltenden Feuerwehrangehörigen ständig zu gewährleisten, ist eine Selbstsicherung notwendig.

Die Selbstsicherung erfolgt mit dem Sicherungsseil seines Feuerwehr-Haltegurtes an einem geeigneten Anschlagpunkt (vergleiche hierzu Kapitel 17.1.2).

Der Anschlagpunkt ist so zu wählen, dass der zu Haltende beobachtet werden kann.

Ist dies nicht möglich, sichert sich der haltende Feuerwehrangehörige an einem Anschlagpunkt mit der Feuerwehrleine. Mittels Achterknoten wird eine Schlaufe als Anschlagpunkt in der Feuerwehrleine gebunden. Das Sicherungsseil des Feuerwehr-Haltegurtes wird durch die entstandene Schlaufe des Achterknotens geführt und der Karabinerhaken anschließend in die Halteöse eingeklinkt.

Der Haltende führt die Feuerwehrleine mit Hilfe eines Halbmastwurfes an der geschlossenen Halteöse seines Feuerwehr-Haltegurtes.

Hierbei ist darauf zu achten, dass das Einbinden des zu Haltenden in den Brustbund erst nach Anbringen des Halbmastwurfs durchgeführt werden kann.

17.1.2 Selbstsicherung mit Feuerwehr-Haltegurt

Der Feuerwehrangehörige sichert sich mit dem Sicherungsseil des Feuerwehr-Haltegurtes, indem er es um einen geeigneten Anschlagpunkt schlingt und den Karabinerhaken in die geschlossene Halteöse einklinkt. Ein Anschlagen direkt mit dem Karabinerhaken ist nicht zulässig.

Im Einsatz muss der Feuerwehrangehörige die Belastbarkeit des Anschlagpunktes abschätzen. Anschlagpunkte können zum Beispiel Holme von gegen Umfallen gesicherten tragbaren Leitern oder massive Treppengeländer sein. Der Anschlagpunkt muss sich immer oberhalb des Feuerwehr-Haltegurtes befinden, um einen Sturz auszuschließen.

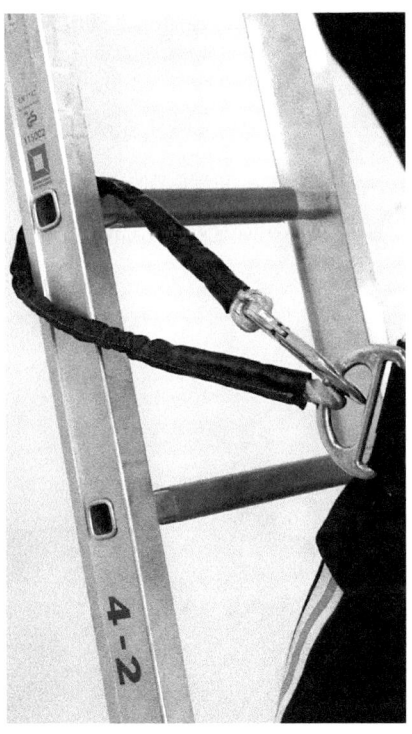

7.2 Auffangen

Auffangen ist die Sicherung von Einsatzkräften, die Tätigkeiten in absturzgefährdeten Bereichen ausführen müssen, bei denen ein freier Fall nicht auszuschließen ist. Hierzu ist der Gerätesatz Absturzsicherung notwendig. Dieser Gerätesatz wird in Bereichen eingesetzt, in denen es aus strukturellen und räumlichen Bedingungen zu einem Unfall durch Absturz kommen kann, obwohl diese, abgesehen vom Risiko, ohne Hilfsmittel erreichbar wäre.

Eine Absturzgefahr besteht immer dann, wenn sich der Anschlagpunkt des Kernmantel-Dynamikseils auf gleicher Höhe oder unterhalb des Feuerwehrangehörigen befindet oder wenn das Kernmantel-Dynamikseil nicht ständig straff geführt werden kann.

Ein freies Hängen im Kernmantel-Dynamikseil ist nicht zulässig.

17.2.1 Seilsicherung mit Geräten zum Auffangen

Legen des Halbmastwurfes in den HMS-Doppelverschlusskarabiner:

1. Phase

17 Sichern in absturzgefährdeten Bereichen 133

2. Phase

3. Phase

4. Phase

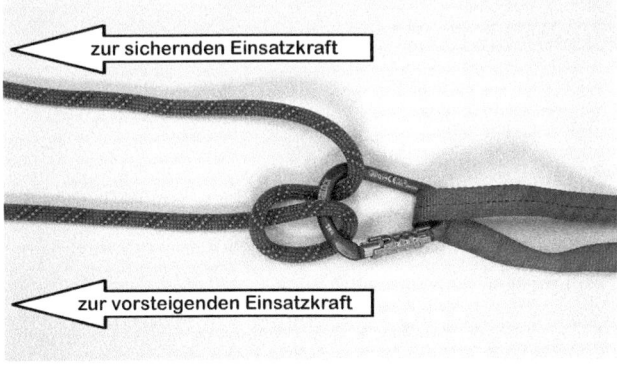

Zur Halbmastwurfsicherung mit Kernmantel-Dynamikseil darf nur ein HMS-Doppelverschlusskarabiner verwendet werden. Die Sicherung mit Kernmantel-Dynamikseil am Karabinerhaken des Feuerwehr-Haltegurtes ist nicht zulässig.

Um die Bremskraft optimal auszunutzen, sind die zwei Seilstränge möglichst parallel zu führen.

Beim Auffangen kommen zwei Grundvarianten der Seilsicherung zur Anwendung.

Endlosbandschlinge und Halbmastwurfsicherung (HMS)

Die Endlosbandschlinge wird an einem geeigneten Anschlagpunkt befestigt, der HMS-Doppelverschlusskarabiner in diese Schlinge eingeklinkt und anschließend die HMS in den Karabiner eingelegt. Bei dieser Methode ist ca. 1–2 m vor Seilende ein Achterknoten zu binden.

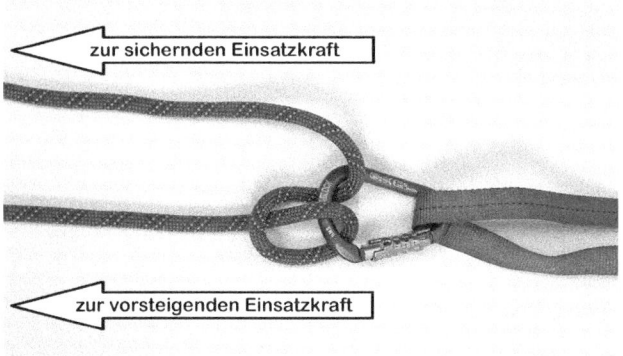

Mastwurf-Achterknoten mit Schlaufe-HMS

Wenn der Anschlagpunkt zu groß für eine Endlosbandschlinge ist oder verlegt werden muss, ist eine andere Methode erforderlich.

Das Kernmantel-Dynamikseil wird an einem geeigneten Anschlagpunkt mittels Mastwurf angeschlagen und zusätzlich mit einem Spierenstich gesichert.

17 Sichern in absturzgefährdeten Bereichen

In das angeschlagene Kernmantel-Dynamikseil wird mit einem Achterknoten eine Schlaufe gebunden (vergleiche hierzu Abbildung 1 im Kapitel 17.1.1). In diese Schlaufe wird ein HMS-Doppelverschlusskarabiner eingeklinkt, in dem der Halbmastwurf eingelegt wird.

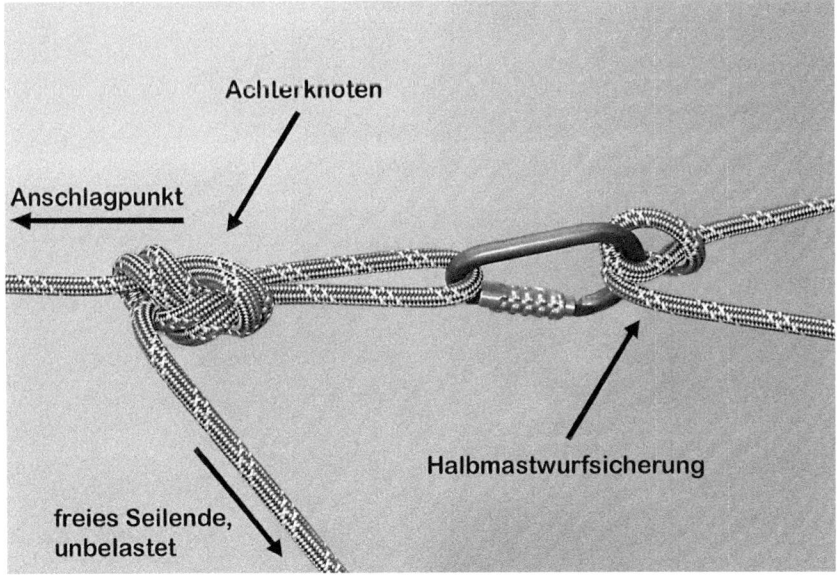

17.2.2 Sichern im absturzgefährdeten Bereich

Halbmastwurf-Sicherung im Gebäude

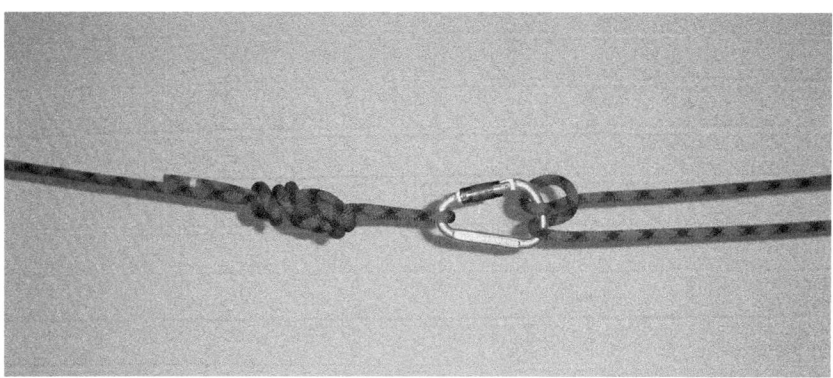

17 Sichern in absturzgefährdeten Bereichen

Zwischensicherung im Dachbereich an einem ausreichend stabilen Bauteil, z. B. Sparren ...

17 Sichern in absturzgefährdeten Bereichen

Anlegen des Auffanggurtes

Der Feuerwehrangehörige legt den Auffanggurt an. Alle Verschlüsse sind straff zu ziehen und die Gurtenden mit den dazugehörigen Sicherungsschnallen zu sichern.

Das Kernmantel-Dynamikseil muss am Auffanggurt mit einem gesteckten Achterknoten in die dafür vorgesehene Fangöse oder -schlaufe eingebunden werden.

Anlegen des Auffanggurtes

Zwischensicherungen

Bei Bewegungen in absturzgefährdeten Bereichen sind Zwischensicherungen (zusätzliche Umlenkpunkte) anzubringen.

Beim vertikalen Vorstieg sind Zwischensicherungen grundsätzlich in den Höhen von 2 m, 3 m, 4 m, 5 m, 7 m, ... erforderlich.

Beim horizontalen Vorstieg sind anfänglich Abstände kleiner als 2 m erforderlich.

Zwischensicherung

17 Sichern in absturzgefährdeten Bereichen

Als Zwischensicherungen werden Bandschlingen in Verbindung mit je einem Karabinerhaken mit Verschlusssicherung verwendet. Die Bandschlinge wird um einen geeigneten Anschlagpunkt gelegt und mit einem derartigen Karabiner verbunden. Beim Anbringen der Zwischensicherungen muss die Bandschlinge durch mehrmaliges Umschlingen des Anschlagpunktes so gekürzt und gegen Verrutschen fixiert werden, dass keine Sturzstreckenverlängerung auftritt. In diesen Karabiner wird das Kernmantel-Dynamikseil eingelegt und die Klinke gesichert.

Zwischensicherungen ohne Karabinerhaken mit Verschlusssicherung und nur mit Bandschlingen sind in keinem Fall zulässig!

17.3 Hinweise zur Sicherheit

- Feuerwehrleine bzw. Kernmantel-Dynamikseil immer straff führen.
- Feuerwehrleine bzw. Kernmantel-Dynamikseil vor scharfen Kanten schützen.
- Karabiner immer gegen unbeabsichtigtes Öffnen sichern.
- Klinkenbelastung der Karabiner vermeiden.
- Der Feuerwehr-Haltegurt ist nur bei den Methoden Halten und Rückhalten in Verbindung mit der als Halbmastwurfsicherung (HMS) zulässig. Hierzu ist die Halteöse zu verwenden.
- Der Karabinerhaken des Feuerwehr-Haltegurtes darf nicht zur Halbmastwurfsicherung (HMS) verwendet werden.
- Persönliche Schutzausrüstung zur Absturzsicherung ist bestimmungsgemäß zu verwenden.
- Persönliche Schutzausrüstung gegen Absturz darf im Einsatz nur durch solche Personen benutzt werden, die über eine nach Landesrecht beziehungsweise den Grundsätzen der Unfallversicherungsträger vorgeschriebene Ausbildung verfügen.
- Auf der Bremsseite der Halbmastwurfsicherung (HMS) wird eine zweite Einsatzkraft als Sicherungsmann eingesetzt.
- Vor Einsätzen und Übungen muss ein Partnercheck (Vier-Augen-Prinzip) erfolgen! Dabei sind insbesondere Anschlagpunkte, Karabinerverschlüsse, Knoten und Halbmastwurfsicherung zu überprüfen.

18 Retten und Selbstretten

18.1 Retten

18.1.1 Retten mit Gerätesatz Absturzsicherung

Möglichkeiten zur Rettung in Verbindung mit dem Gerätesatz Absturzsicherung beschränken sich auf:
- Erstsicherung des zu Rettenden und lebensrettende Sofortmaßnahmen, die sich auf Erhaltung bzw. Wiederherstellung von Atmung, Kreislauf und Herztätigkeit richten,
- gesichertes Zurückführen aus dem absturzgefährdeten Bereich nur, wenn die zu rettende Person dazu in der Lage ist. Dabei ist der zu rettenden Person ein Auffanggurt anzulegen,
- Ablassen einer Person nach einem Sturz ins Sicherungsseil,
- Selbstrettung.

Darüber hinaus gehende Maßnahmen sind von Einheiten der speziellen Rettung aus Höhen und Tiefen durchzuführen.

18.1.2 Retten mit Feuerwehrleine

Die Feuerwehrleine ist der zu rettenden Person mit Brustbund, wie in Kapitel 16.2 beschrieben, anzulegen. Die Methode darf nicht angewendet werden, wenn die Gefahr eines Absturzes besteht.

18.1.3 Retten über Leitern

Beim Retten über Leitern der Feuerwehr ist, soweit es die Lage erfordert und zulässt, die zu rettende Person beim Absteigen mit einer Feuerwehrleine zu sichern.

18 Retten und Selbstretten 141

Beim Retten über die Drehleiter ist die zu rettende Person, soweit es die Lage erfordert und zulässt, durch einen vorabsteigenden Feuerwehrangehörigen zu sichern.

18.1.4 Retten mit Krankentrage

Das Retten von Personen aus Höhen oder Tiefen mit Krankentrage ist immer dann erforderlich, wenn eine Person liegend transportiert werden muss und eine Schleifkorbtrage nicht zur Verfügung steht.

Einbinden einer verletzten Person auf der Krankentrage

Die Krankentrage wird vollständig aufgeklappt, die Person auf der Trage gelagert und kann gegebenenfalls in eine Decke eingeschlagen werden.

Die Feuerwehrleine wird mit einem Mastwurf kopfseitig am rechten Holm angeschlagen. Dann werden in Brusthöhe, in Hüfthöhe und oberhalb der Knie Halbschläge gelegt. Anschließend wird die Feuerwehrleine mit einem Mastwurf fußseitig am rechten Holm angeschlagen und dann dreimal so um die Füße des Verletzten gelegt, dass das abgehende Leinenende unter den Fußsohlen verläuft. Danach wird ein Mastwurf fußseitig am linken Holm angeschlagen. Von da aus werden oberhalb der Knie, in Hüfthöhe und in Brusthöhe Halbschläge gelegt. Das Ende wird mit einem Mastwurf und einem Halbschlag gesichert. Es ist darauf zu achten, dass die Hände mit eingebunden werden und die **Halbschläge seitlich am Holm liegen**.

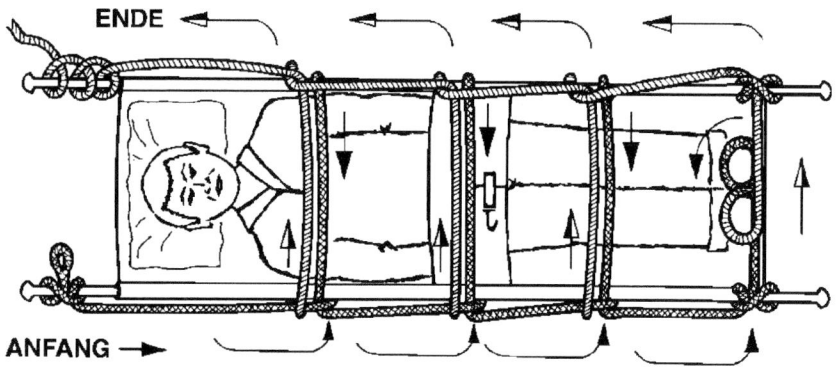

Anschlagen der Feuerwehrleine an der Trage zum Ab- und Aufseilen

Die Feuerwehrleine wird mit einem Leinenende durch die Tragefüße geführt, wobei mit dem kurzen Leinenende an einem Tragefuß ein Mastwurf zu binden ist, damit sich die Trage nicht verdrehen kann.

Danach werden beide Leinenenden durch mehrere halbe Schläge oder je einen Mastwurf an den Griffen befestigt.

18 Retten und Selbstretten

Das kurze Leinenende wird dann wieder nach oben bis zur Mitte geführt und dort mit dem langen Leinenende mittels Pfahlstich zu einem Ring verbunden und mit einem Spierenstich gesichert. Auf diese Art wird je eine Feuerwehrleine am Kopf- und am Fußende befestigt.

Eine Rettung soll nur in waagerechter Lage der Trage erfolgen.

18 Retten und Selbstretten

18.1.5 Retten mit Sprungtuch

Das Retten mit Sprungtuch ist nur zulässig bei Absprunghöhen bis zu 8 m.
 Das Retten mit Sprungtuch erfordert zum Halten mindestens 16 Feuerwehrangehörige. Das Sprungtuch wird auf Befehl des Einheitsführers außerhalb des Sprungbereiches einsatzbereit gemacht.
 Das Sprungtuch wird im einsatzbereiten Zustand mit Untergriff am Umfassungsseil (Halteseil) straff in Brusthöhe gehalten und unter die Absprungstelle getragen.

18 Retten und Selbstretten

Für einen sicheren Stand ist jeweils ein Fuß zurückzusetzen. Die Ellenbogen dürfen nicht am Oberkörper abgestützt werden.

Der Einheitsführer steht möglichst so, dass er die zu rettende Person und die Haltemannschaft überblicken und die zu erwartende Sprungrichtung beurteilen kann.

Der Einheitsführer weist die Haltemannschaft ein. Er bestimmt so mit Handzeichen und durch Zuruf die erforderliche Stellung des Sprungtuches.

„rechts" } in Blickrichtung auf das Objekt
„links"

„vor"   zum Objekt hin
„zurück"   vom Objekt weg

Auf das Kommando des Einheitsführers:

„Achtung – Sprung – zieht!"

zieht die Mannschaft am Umfassungsseil (Halteseil) kräftig nach außen, um ein Durchschlagen der zu rettenden Person zu verhindern.

18 Retten und Selbstretten

Bei Übungen dürfen nur geeignete Fallkörper, maximal 50 kg schwer, verwendet werden. Abwurfhöhe höchstens 6 m.

18.1.6 Retten mit Sprungpolster

Das Retten mit dem Sprungpolster ist nur zulässig bis zur jeweils bauartbedingten Rettungshöhe.

Für das Bedienen und das Instellungbringen des Sprungpolsters wird eine Bedienmannschaft von mindestens zwei Feuerwehrangehörigen benötigt.

Das Sprungpolster wird auf Befehl des Einheitsführers außerhalb des Sprungbereiches einsatzbereit gemacht und unter die Absprungstelle getragen. Es ist auf eine möglichst ebene Standfläche zu achten.

Das Sprungpolster darf nicht durch scharfe und heiße Gegenstände beschädigt werden.

Nach erfolgtem Sprung ist die Person sofort aus dem Sprungpolster zu befreien und das Sprungpolster neu auszurichten.

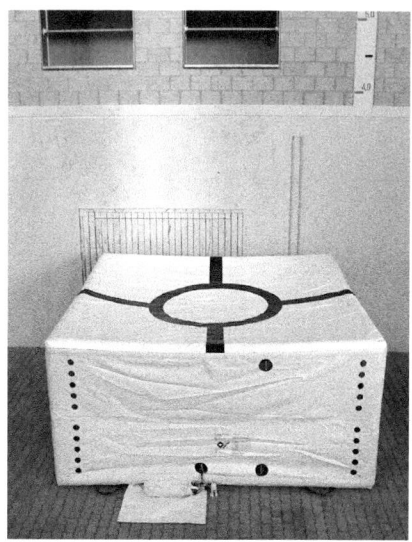

18.1.7 Hinweise zur Sicherheit

- Feuerwehrleinen und Kernmantel-Dynamikseile immer straff führen.
- Anschlagpunkte grundsätzlich oberhalb des Arbeitsstandortes wählen.
- Bei Rettungsübungen mit der Krankentrage oder mit Sprungrettungsgeräten aus Höhen und Tiefen dürfen nur Puppen eingesetzt werden.
- Krankentrage grundsätzlich waagerecht beziehungsweise Kopfseite etwas höher als die Fußseite ablassen. Führungsleine einsetzen.
- Feuerwehrleinen und Kernmantel-Dynamikseile nicht über scharfe Kanten ziehen (gegebenenfalls Kantenschutz, zum Beispiel Decke oder Druckschlauch verwenden).
- Bei der Rettung mit Krankentrage Gesichts- beziehungsweise Kopfschutz für die zu rettende Person einsetzen.
- Bei Übungen zu rettende Person gegen Absturz wie in Kapitel 17.2 sichern.
- Sprungrettungsgeräte dürfen nur zur Rettung eingesetzt werden. Schau- und Übungssprünge sind verboten.
- Gegenseitige Sicherheitskontrolle durchführen.

18 Retten und Selbstretten

18.2 Selbstretten

Das Selbstretten ist eine Rettungsmethode, mit der sich Feuerwehrangehörige durch Abseilen mit Feuerwehrleine und Feuerwehr-Haltegurt aus Höhen in Sicherheit bringen können.

Das Selbstretten wird nur angewendet, wenn andere Rettungswege nicht mehr benutzbar oder nicht mehr erreichbar sind. Jeder Feuerwehrangehörige muss sich darüber bewusst sein, dass diese Methode mit Risiken verbunden ist.

Geräte zum Selbstretten sind
- der Feuerwehr-Haltegurt und
- die Feuerwehrleine.

18.2.1 Selbstretten mit Feuerwehr-Haltegurt mit Multifunktionsöse

Die Feuerwehrleine muss an einem geeigneten Anschlagpunkt befestigt werden.

Im Einsatz muss der Feuerwehrangehörige die Belastbarkeit des Anschlagpunktes abschätzen.

Die Feuerwehrleine wird mit einem Mastwurf und einem Spierenstich am Anschlagpunkt befestigt.

Danach wird die Feuerwehrleine durch die Ausstiegsöffnung nach unten geworfen. Zuvor muss sich der Feuerwehrangehörige versichern, dass niemand von der abgeworfenen Leine getroffen werden kann; unten stehende Personen sind durch Zuruf:

„ACHTUNG LEINE!"

zu warnen.

Der sich rettende Feuerwehrangehörige dreht seinen Feuerwehr-Haltegurt am Körper nun so, dass die Halteöse nach vorne zeigt. Der Karabinerhaken muss in die Halteöse so eingeklinkt werden, dass bei belastetem Karabinerhaken der geschlossene Teil des Karabinerhakens zu derjenigen Seite

18 Retten und Selbstretten

18 Retten und Selbstretten

hinzeigt, auf der sich die Bremshand des Abseilenden befindet; bei Rechtshändern nach rechts, bei Linkshändern nach links.

Die am Anschlagpunkt befestigte Feuerwehrleine wird in eine Schlaufe gelegt und durch die Multifunktionsöse des Karabinerhakens geführt.

Die Schlaufe wird in den Karabinerhaken eingeklinkt.

Das zum Anschlagpunkt führende Leinenende wird durch Zug mit der Bremshand gestrafft, damit beim Aussteigen aus der Ausstiegöffnung keine ruckartige Belastung der Feuerwehrleine erfolgt.

Der Feuerwehrangehörige steigt mit derjenigen Körperseite zuerst aus, auf der er die Feuerwehrleine führt; Rechtshänder mit dem rechten Bein, Linkshänder mit dem linken Bein.

Die Abseilgeschwindigkeit wird durch die Haltekraft der Bremshand geregelt, wobei diese in Hüfthöhe zu halten ist.

Mit der freien Hand und mit den Füßen wird der Körper stabilisiert und vom Gebäude entfernt gehalten.

18.2.2 Selbstretten mit Feuerwehr-Haltegurt ohne Multifunktionsöse

Bei der Verwendung eines Feuerwehr-Haltegurtes ohne Multifunktionsöse wird zum Anschlagen der Feuerwehrleine am Feuerwehr-Haltegurt der Halbmastwurf durch die geschlossene Halteöse geführt (vergleiche hierzu Kapitel 16.2).

Hierbei ist zu beachten, dass die Feuerwehrleine am Anschlagpunkt erst nach Anbringen des Halbmastwurfes befestigt werden kann.

Anschließend wird vorgegangen wie unter Kapitel 18.2.1 beschrieben.

18.2.3 Hinweise zur Sicherheit

- Selbstrettungsübungen sind nur unter Aufsicht von erfahrenen Feuerwehrangehörigen durchzuführen.
- Bei Selbstrettungsübungen mit Feuerwehr-Haltegurt und Feuerwehrleine muss der Übende vorzugsweise zusätzlich über einen Auffanggurt und Kernmantel-Dynamikseil von oben gesichert werden.
- Vor Selbstrettungsübungen sind Gewöhnungsübungen aus geringer Höhe durchzuführen.
- Bei Übungen mit Feuerwehr-Haltegurt und Feuerwehrleine darf eine Brüstungshöhe von 8 m nicht überschritten werden.
- Bei Selbstrettungsübungen ist vor dem Ausstieg die Sicherung zu kontrollieren.
- Während der Selbstrettung ist darauf zu achten, dass keine losen Kleidungs- oder Ausrüstungsteile (zum Beispiel die Begurtung des Atemschutzgerätes oder der Kinn-Nacken-Riemen des Feuerwehrhelms) in die Halbmastwurfsicherung beziehungsweise in die Seilführung durch die Multifunktionsöse des Selbstrettenden hineingezogen werden können.
- Es ist ein ausreichender Abstand zwischen Bremshand und Halbmastwurfsicherung einzuhalten.
- Das Kernmantel-Dynamikseil ist so zu führen, dass es stets straff läuft, aber noch keine Belastung hat.

18 Retten und Selbstretten

- Der Sichernde muss stets beide Hände am Kernmantel-Dynamikseil haben (Schutzhandschuhe sind zu tragen).
- Ständige Sichtverbindung zwischen dem Sichernden und der sich im Seil befindlichen Person ist erforderlich.

19 Sichern von Einsatzstellen gegen fließenden Verkehr

An Einsatzstellen auf oder an Straßen können für Einsatzkräfte und andere Personen Gefahren durch fließenden Verkehr auftreten. Zum Schutz sind geeignete Sicherungs- und Absperrmaßnahmen vorzunehmen.

Der Beginn der Absicherung auf Straßen außerhalb geschlossener Ortschaften hat ungefähr 200 Meter vor der Einsatzstelle zu erfolgen. Bei Straßen mit Gegenverkehr muss stets nach beiden Seiten gesichert werden.

Zur besseren Erkennbarkeit soll neben dem Warndreieck zusätzlich eine Warnleuchte aufgestellt werden.

Sind Warndreiecke und Warnleuchten in ausreichender Anzahl vorhanden, sollen sie auf beiden Seiten der Fahrbahn aufgestellt werden.

19 Sichern von Einsatzstellen gegen fließenden Verkehr

Sonstige auf dem Feuerwehrfahrzeug mitgeführte Geräte zur Warnung im Straßenverkehr, wie Verkehrsleitkegel (500 oder 750 mm hoch), Verkehrswarngerät (Blitzleuchten) oder Starklichtfackeln, sind nach Bedarf zusätzlich zu verwenden.

Absicherung auf gerader Straße

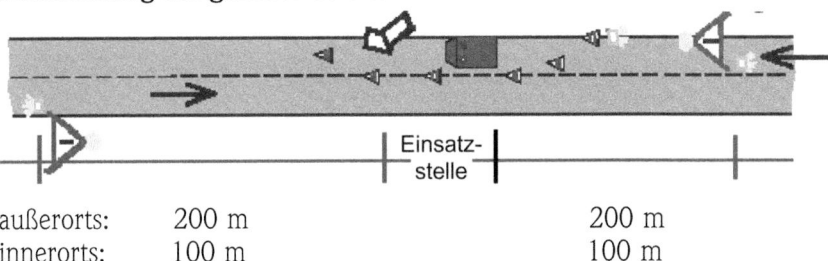

außerorts:	200 m	200 m
innerorts:	100 m	100 m

Bei unübersichtlicher Straßenführung (Kurven, Kuppen, sonstige Sichtbehinderungen) sind gegebenenfalls größere Sicherheitsabstände zu wählen. Das Warngerät ist so weit vor dem Sichthindernis aufzustellen, dass es bei Annäherung bereits auf Entfernung erkannt wird.

Absicherung auf kurviger Straße

Absicherung vor einer Kuppe

An Einsatzstellen auf Autobahnen und Kraftfahrstraßen mit getrennten Richtungsfahrbahnen erfolgt die Absicherung entgegen der Fahrtrichtung des fließenden Verkehrs.

Absicherung auf Autobahn oder Kraftfahrstraße mit Richtungsfahrbahnen

Der Beginn der Absicherung richtet sich nach den möglichen Höchstgeschwindigkeiten herannahender Verkehrsteilnehmer. In Streckenbereichen ohne Geschwindigkeitsbegrenzung hat der Beginn der Absicherung 800 Meter entgegen der Fahrtrichtung vor der Einsatzstelle zu erfolgen. Die Zeichen sollen nach 200 Metern in Fahrtrichtung wiederholt werden.

Hinweis: Die Leitpfosten an Straßen und Autobahnen haben in der Regel einen Abstand von 50 m.

Lageabhängig sollten auch auf der linken Fahrbahnseite Warndreiecke aufgestellt werden. Steht ein zusätzliches für den Einsatz an der Einsatzstelle nicht benötigtes Feuerwehrfahrzeug zur Verfügung, sollte dieses zur Warnung bei 800 m auf dem Standstreifen mit eingeschalteter Warnblinkanlage, Fahrlicht und blauem Blinklicht aufgestellt werden.

19 Sichern von Einsatzstellen gegen fließenden Verkehr

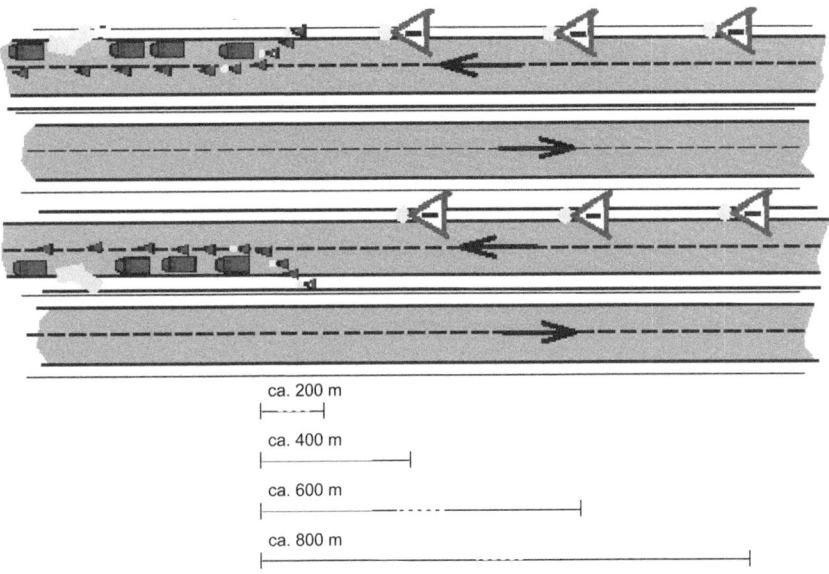

Warndreieck und Warnleuchte sind zum Absichern von Einsatzstellen auf Autobahnen nicht auffällig genug. In der Regel sind zusätzlich mitgeführte Verkehrszeichen oder Faltsignale zu verwenden. Zum Sperren von Fahrspuren (ungefähr 200 Meter vor der Einsatzstelle) sind Verkehrsleitkegel in Verbindung mit Blitzleuchten zu verwenden. Für eine Fahrspur sind in der Regel fünf Leitkegel und mindestens zwei Blitzleuchten zu verwenden, für die Sperrung von zwei Fahrspuren fünf bis sieben Leitkegel und mindestens drei Blitzleuchten.

Sicherungsposten müssen zusätzlich zum Warngerät eingesetzt werden, wenn Hindernisse im Verkehrsbereich sonst nicht ausreichend kenntlich gemacht werden können.

19 Sichern von Einsatzstellen gegen fließenden Verkehr

Hinweise zur Sicherheit:
- Der nach § 15 StVO allgemein geforderte Sicherheitsabstand von 100 m ist für Einsatzstellen der Feuerwehr unzureichend, daher sind hier weitergehende Absicherungsmöglichkeiten vorgeschlagen.
- Die Mannschaft verlässt das Einsatzfahrzeug nur auf der der Fahrbahn abgewendeten Fahrzeugseite und tritt vor dem Einsatzfahrzeug an.
- Sicherungs- und Absperrmaßnahmen sind nur mit äußerster Vorsicht unter Beachtung des fließenden Verkehrs durchzuführen.
- In Einsatzfahrzeugen, die als Sicherungsfahrzeuge eingesetzt werden, sollen sich keine Personen aufhalten.
- An Einsatzstellen mit Gefährdung durch den fließenden Verkehr ist Warnkleidung zu tragen.
- Einsatzstellen sind bei nicht ausreichendem Tageslicht auszuleuchten.
- Alle Einsatzfahrzeuge werden mit eingeschaltetem Blaulicht, Warnblinkanlage, Standlicht/Abblendlicht und ggf. vorhandene Verkehrswarnanlagen abgestellt.
- Das An- und Abfahren weiterer Einsatzfahrzeuge ist zu berücksichtigen.
- Beim Auf- und Abbauen von Warnzeichen sollte bei vorhandener Leitplanke hinter dieser gelaufen werden.
- Der Abstand der einzelnen Warngeräte soll gleichmäßig sein.
- Nicht benötigte Einsatzkräfte sollen sich an einem sicheren Platz, z. B. hinter einer Leitplanke, aufhalten.
- Einsatzkräfte am Rand des gesicherten Bereichs sollen den fließenden Verkehr beobachten und bei eintretenden Gefahren warnen.
- Straßeneinmündungen und Kreuzungen innerhalb des Absperrbereiches sind zu berücksichtigen.

20 Sichtzeichen

Sichtzeichen dienen zum Übermitteln von Befehlen und Meldungen, wenn andere Arten der Übermittlung nicht möglich oder unzweckmäßig sind.

In dieser Feuerwehr-Dienstvorschrift sind nur die grundlegenden Zeichen entsprechend der Richtlinie 92/58/EWG des Rates über Mindestvorschriften für die Sicherheits- und/oder Gesundheitsschutzkennzeichnung am Arbeitsplatz vom 24. Juni. 1992 (ABl. EU Nr. L 245 S. 23) aufgenommen. Besondere Zeichen können in anderen Vorschriften festgelegt sein.

Sichtzeichen werden mit dem Arm bei flachgehaltener Hand gegeben.

Einsatzspezifische Sichtzeichen

Bedeutung: 1. Achtung!
2. Ankündigung ...
3. Verbindung aufnehmen!
4. Verstanden! Fertig!

Ausführung: Ausgestreckten Arm senkrecht hochhalten.

Bedeutung:	1. Wasser marsch! oder 2. Einschalten/Anlassen oder 3. Marsch!	Bedeutung:	1. Arbeit einstellen! oder 2. Wasser halt! oder 3. Motor abstellen!
Ausführung:	Arm seitwärts abgewinkelt aus Schulterhöhe mehrmals **hochstoßen**.	Ausführung:	Arm seitwärts abgewinkelt aus Schulterhöhe mehrmals **nach unten stoßen**.

20 Sichtzeichen

Bedeutung: 1. Sammeln! oder
              2. Antreten!
Ausführung: Mit ausgestrecktem Arm **über dem Kopf große Kreise** beschreiben.

Sichtzeichen zur Einweisung von Fahrzeugen

Bedeutung: 1. Halt
2. Unterbrechung
3. Beenden eines Bewegungsablaufs
Ausführung: Rechter Arm nach oben, die Handfläche der rechten Hand nach vorne gekehrt.

Bedeutung: Ende eines Bewegungsablaufs
Ausführung: Die Hände in Brusthöhe verschränken.

20 Sichtzeichen

Bedeutung: Auf/Heben
Ausführung: Rechter Arm nach oben, die Handfläche der rechten Hand nach vorne gekehrt, beschreibt langsam einen Kreis.

Bedeutung: Ab/Senken
Ausführung: Rechter Arm nach unten, die Handfläche der rechten Hand nach innen gekehrt, beschreibt langsam einen Kreis.

20 Sichtzeichen

Bedeutung: Vertikaler Abstand
Ausführung: Die Hände zeigen den Abstand an.

Bedeutung: Vorwärts/Herkommen
Ausführung: Arme angewinkelt, Handflächen nach innen gekehrt, die Unterarme machen langsame Bewegungen zum Körper hin.

20 Sichtzeichen

Bedeutung: Rückwärts/Entfernen
Ausführung: Arme angewinkelt, Handflächen nach außen gekehrt, die Unterarme machen langsame Bewegungen vom Körper fort.

Bedeutung: Rechts vom Zeichengeber aus gesehen
Ausführung: Rechter Arm mehr oder weniger waagerecht ausgestreckt, die Handfläche der rechten Hand nach unten, kleine Bewegungen in die gezeigte Richtung.

Bedeutung: Links vom Zeichengeber aus gesehen
Ausführung: Linker Arm mehr oder weniger waagerecht ausgestreckt, die Handfläche der linkten Hand nach unten, kleine Bewegungen in die gezeigte Richtung.

Bedeutung: Horizontaler Abstand /Anzeige einer Abstandsverringerung
Ausführung: Die Hände zeigen den Abstand an. Beide Handflächen parallel halten und dem Abstand entsprechend zusammenführen.

20 Sichtzeichen

Bedeutung: 1. Gefahr
2. Nothalt
Ausführung: Beide Arme nach oben, die Handflächen nach vorne gekehrt.

18., erw. und überarb. Auflage
2021. 212 Seiten mit 67 Abb. und
20 Tab. Kart.
€ 19,–
ISBN 978-3-17-026968-2
Die Roten Hefte, 1

Das Rote Heft 1 „Verbrennen und Löschen" vermittelt wichtiges Grundlagenwissen, ohne das eine erfolgreiche Brandbekämpfung durch die Feuerwehr nicht möglich wäre. Ausgehend von den physikalischen und chemischen Voraussetzungen eines Brandes werden ausführlich die verschiedenen Möglichkeiten der Brandbekämpfung beschrieben. Dabei wird stets auf einen hohen Praxisbezug Wert gelegt. Beispiele aus dem Feuerwehralltag runden den Inhalt ab.

Digitalausgabe in der BRANDSchutz-App und als E-Book erhältlich.
Leseproben und weitere Informationen: **shop.kohlhammer.de**